高等职业教育系列教材

数控机床故障诊断与维修（FANUC）

主　编　董晓岚

副主编　秦培亮

参　编　刘美娟

机 械 工 业 出 版 社

本书选取市场份额较大的 FANUC 数控系统，以典型任务为载体，切实贯彻"管用""够用""适用"的教学指导思想，分别介绍了数控机床故障诊断与维修准备、FANUC 0i Mate-D 数控系统的调试与维修、进给伺服系统的调试与维修、主轴驱动系统的调试与维修、FANUC PMC 系统的调试与维修诊断、数控机床典型故障诊断与维修、数控机床的验收与精度检测 7 个学习项目。本书适合作为高职高专数控技术、机电一体化技术、数控设备应用与维护等专业的教材，也可作为数控机床维修与维护人员的自学参考书。

本书配有授课电子课件和教学视频，需要的教师可登录机械工业出版社教育服务网 www.cmpedu.com 免费注册后下载，或联系编辑索取（微信：15910938545，电话：010-88379739）。

图书在版编目（CIP）数据

数控机床故障诊断与维修：FANUC/董晓岚主编．—北京：机械工业出版社，2021.4（2025.1 重印）
高等职业教育系列教材
ISBN 978-7-111-67223-4

Ⅰ．①数…　Ⅱ．①董…　Ⅲ．①数控机床-故障诊断-高等职业教育-教材　②数控机床-维修-高等职业教育-教材　Ⅳ．①TG659

中国版本图书馆 CIP 数据核字（2020）第 272475 号

机械工业出版社（北京市百万庄大街 22 号　邮政编码 100037）
策划编辑：曹帅鹏　　责任编辑：曹帅鹏
责任校对：张艳霞　　责任印制：郜　敏
三河市宏达印刷有限公司印刷

2025 年 1 月第 1 版·第 8 次印刷
184mm×260mm·12.5 印张·307 千字
标准书号：ISBN 978-7-111-67223-4
定价：49.00 元

电话服务　　　　　　　　　　　网络服务
客服电话：010-88361066　　　机　工　官　网：www.cmpbook.com
　　　　　010-88379833　　　机　工　官　博：weibo.com/cmp1952
　　　　　010-68326294　　　金　书　　网：www.golden-book.com
封底无防伪标均为盗版　　　机工教育服务网：www.cmpedu.com

前　言

当前制造业已成为国民经济的支柱产业，中国制造业的飞速发展，使得沿海发达地区成为"世界制造工厂"。高级技工，尤其是数控机床高级技术人才严重短缺的现象已经引起了社会的广泛关注。在世界经济全球化的今天，对于一个机械制造企业，如果它不用数控机床来完成关键制造过程，那么将会失去竞争力。随着数控机床的大量使用和高性能数控系统的开发，对数控机床维修人员的素质要求越来越高，对数控机床的可利用率要求也越来越高。

党的二十大报告关于"实施科教兴国战略，强化现代化建设人才支撑"进行了详细丰富、深刻完整的论述。职业教育与经济社会发展紧密相连，对促进就业创业、助力科技创新、增强人民福祉具有重要意义。本书在调研的基础上，综合近几年来高等职业教育课程改革的经验，以提高数控机床维修人员的基本能力和素质为目标，注重分析和解决问题的方法以及思路的引导，注重理论与实践的紧密结合，专注于技术先进的、占市场份额较大的FANUC数控系统的应用维修。

本书以提高职业能力为导向，改变传统的学科教材的编写模式，知识结构和内容循序渐进式排列，以培养学生能力为主线，实用性强。本书以《数控机床装调维修工国家职业标准》为依据，以典型任务为载体，切实贯彻"管用""够用""适用"的教学指导思想，按技能层次分模块逐步加深数控机床调试与维修相关内容的学习和技能操作训练。此外，在FANUC官网（www.fanuc.com）和HAAS官网（www.haascnc.com）上精心选取了和教材内容相关的19个英文原版故障诊断与维修视频，让学生了解最新的维修维护实践内容，丰富学生对数控机床维修与维护发展的整体认识。

本书共7个学习项目，分别介绍了数控机床故障诊断与维修准备、FANUC 0*i* Mate-D数控系统的调试与维修、进给伺服系统的调试与维修、主轴驱动系统的调试与维修、FANUC PMC系统的调试与维修诊断、数控机床典型故障诊断与维修、数控机床的验收与精度检测等内容。

本书是机械工业出版社组织出版的"高等职业教育系列教材"之一。参加本书编写的有董晓岚、秦培亮、刘美娟，他们均为从事数控机床故障诊断与维修教学和科研的一线教师。其中，董晓岚编写了项目2、项目3、项目5和项目6，秦培亮编写了项目1和项目4，刘美娟编写了项目7，全书由董晓岚统稿、定稿。

由于编者水平有限，书中难免存在不妥之处，恳请读者批评指正。

编　者

目　录

项目 **1**

数控机床故障诊断与维修准备

 学习目的

数控机床（Computer Numerical Control，CNC）综合应用了计算机技术、自动控制技术、精密测量技术和机床设计等先进技术，是典型的机电一体化产品。其控制系统复杂，对于不同的故障有不同的诊断与维修方法，对维修人员素质、维修资料的准备、维修仪器的使用等方面提出了比普通机床更高的要求。合格的维修工具是进行数控机床维修的必备条件，对它们各方面的要求较普通机床都要高一些，同时根据需要，维修工具的种类也不尽相同。

任务 1.1 数控机床故障诊断和维修管理

任务目的 1. 理解数控机床故障产生的规律。
2. 熟悉数控机床故障排除的方法。
实验设备 FANUC 0*i* Mate-D 系统数控铣床实训台。
实验项目 1. 熟悉数控机床故障维修所需的技术资料。
2. 学习与交流所掌握的数控机床维修技术资料。

 工作过程知识

1.1.1 数控机床故障产生的原因

1. 机床性能或状态

数控机床在使用过程中，其性能或状态随着使用时间的推移而逐步下降，呈现如图 1-1 所示的曲线。很多故障在发生前会有一些预兆，即所谓潜在故障，其可识别的物理参数表明一种功能性故障即将发生。功能性故障表明机床丧失了规定的性能标准。

图 1-1 中，P 点表示性能已经恶化，并发展到可识别潜在故障的程度，这可能是金属疲劳的一个裂纹，将导致零件折断；可能是振动，表明即将发生轴承故障；可能是一个过热点，表明电动机将损坏；也可能是一个齿轮齿面过多的磨损等。F 点表示潜在故障已变成功能性故障，即它已质变到损坏的程度。$P-F$ 间隔就是从潜在故障的显露到转变为功能性故

障的时间间隔，各种故障的 $P-F$ 间隔差别很大，从几秒到几年。突发故障的 $P-F$ 间隔就很短，而较长的间隔意味着有更多的时间来预防功能性故障的发生，此时如果积极主动地寻找潜在故障的物理参数，采取新的预防技术，就能避免功能性故障，争得较长的使用时间。

2. 机械磨损故障

数控机床在使用过程中，由于运动机件相互摩擦，表面产生刮削、研磨，加上化学物质的侵蚀，就会造成磨损。磨损过程大致分为如下 3 个阶段。

（1）初期磨损阶段

该阶段多发生于新设备启用初期，主要特征是摩擦表面的凸峰、氧化皮、脱碳层很快被磨去，使摩擦表面更加贴合，这一过程时间不长，而且对机床有益，通常称为"跑合"，如图 1-2 中的 Oa 段。

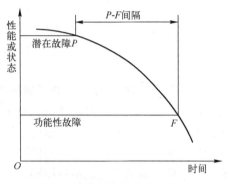

图 1-1　机床性能或状态曲线

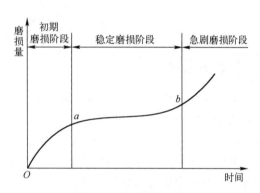

图 1-2　典型磨损过程

（2）稳定磨损阶段

由于跑合的结果，使运动表面工作在耐磨层，而且相互贴合，接触面积增加，单位接触面上的应力减小，因而磨损增加缓慢，可以持续很长时间，如图 1-2 所示的 ab 段。

（3）急剧磨损阶段

随着磨损逐渐积累，零件表面抗磨层的损耗超过极限程度，磨损速率急剧上升。理论上将正常磨损的终点作为合理磨损的极限。根据磨损规律，数控机床的修理应安排在稳定磨损终点 b 为宜。这时，既能充分利用原零件性能，又能防止急剧磨损出现。修理也可稍有提前，以预防急剧磨损，但不可拖后。若使机床带病工作，则势必带来更大的损坏，造成不必要的经济损失。在正常情况下，到达 b 点的时间一般为 7~10 年。

3. 数控机床故障率曲线

与一般设备相同，数控机床的故障率随时间变化的规律可用图 1-3 所示的浴盆曲线（也称为失效率曲线）表示。根据数控机床的故障频率，整个使用寿命期大致分为 3 个阶段，即早期故障期、偶发故障期和耗损故障期。

（1）早期故障期

这个时期数控机床故障率高，但随着使用时间的增加，故障率迅速下降。这段时间的长短，因产品、系统的设计与制造质量而异，约为 10 个月。数控机床使用初期之所以故障频繁，原因大致如下。

1）机械部分：机床虽然在出厂前进行过磨合，但时间较短，而且主要是对主轴和导轨进行磨合。由于零件的加工表面存在着微观和宏观的几何形状误差，部件的装配可能存在误

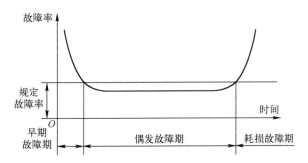

图1-3　数控机床故障率随时间变化的规律（浴盆曲线）

差，因而，在机床使用初期会产生较大的磨合磨损，使设备相对运动部件之间产生较大的间隙，导致故障的发生。

2）电气部分：数控机床的控制系统使用了大量的电子元器件，这些元器件虽然在制造厂家经过了严格的筛选和整机性能测试，但在实际运行时，由于电路的发热，以及交变负荷、浪涌电流及反电动势的冲击，性能较差的某些元器件经不住考验，因电流冲击或电压击穿而失效，或特性曲线发生变化，从而导致整个系统不能正常工作。

3）液压部分：由于出厂后运输及安装阶段的时间较长，使得液压系统中某些部位长时间无油，气缸中润滑油干涸，而油雾润滑又不可能立即起作用，液压缸或气缸可能产生锈蚀。此外，新安装的空气管道若清洗不干净，一些杂物和水分也可能进入系统，造成液压、气动部分的初期故障。除此之外，还有元器件、材料等原因也会造成早期故障，这个时期一般在保修期以内。因此，购回数控机床后，应尽快使用，使早期故障尽量地发生在保修期内。

（2）偶发故障期

数控机床在经历了初期的各种老化、磨合和调整后，开始进入相对稳定的偶发故障期，即正常运行期。正常运行期约为7~10年。在这个阶段，数控机床故障率低而且相对稳定，近似常数。偶发故障是由于偶然因素引起的。

（3）耗损故障期

耗损故障期出现在数控机床使用的后期，其特点是故障率随着运行时间的增加而升高。出现这种现象的基本原因是数控机床的零部件及电子元器件经过长时间的运行，由于疲劳、磨损、老化等，使用寿命已接近完结，从而处于频发故障状态。

1.1.2　数控机床故障排除的一般方法

1. 直观检查

通过对故障发生时的各种光、声、味等异常现象的观察，认真查看系统的各个部分，将故障范围缩小到一个模块或一个印制电路板。

例1　数控机床加工过程中，突然出现停机。打开数控柜，发现主电路短路跳断，经仔细观察，最后发现Y轴电动机动力线外皮被硬物划伤，损伤处碰到机床外壳，造成断路器跳断。更换Y轴动力线后，合上断路器，机床立即恢复正常。

2. 自诊断功能的使用

数控系统的自诊断功能已成为衡量数控系统性能特性的重要指标。数控系统的自诊断功能随时监视数控系统的工作状态，一旦发生异常情况，立即在 CRT 上显示报警信息或用二极管指示故障的起因。这是维修中最有效的一种方法。

例 2 TH5660 立式加工中心的故障显示："Y03 伺服放大器未安装"，这表明伺服放大器有关的元器件没有连接好或已损坏。经检查，故障原因是 X 轴的反馈插头松了，相当于电动机与伺服单元未连接，所以一开机就出现了上述故障。

3. 功能程序测试法

功能程序测试法就是将数控系统的常用功能和特殊功能用手工编程或自动编程的方法，编制成一个功能测试程序，送入数控系统，然后让数控系统运行这个程序，借以检查机床执行这些功能的准确性和可靠性，从而判断出故障发生的可能原因。

例 3 采用 FANUC 6M 系统的一台加工中心，在对工件进行曲线加工时出现爬行现象。用自编的功能测试程序进行测试发现，机床能顺利地完成各项预定动作，说明数控系统工作正常。于是对所用曲线加工程序进行检查，发现在编程时采用了 G61 指令，即每加工一段，传感元件都要让机床停止下来进行检查，从而使机床出现爬行现象。将 G61 指令用 G64 指令代替后，爬行现象就消除了。

4. 交换法

交换法就是在分析出故障大致起因的情况下，利用备用的印制电路板、模块、集成电路芯片或元器件替换有疑点的部分，从而尽量缩小故障范围。

例 4 某数控设备在调试时，X 轴运行有抖动现象，并且 X 轴电动机有发热现象，初步怀疑为 X 轴模块故障。将 Y 轴伺服模块与 X 轴伺服模块调换后，Y 轴抖动，这说明原 X 轴伺服模块损坏。换上备用模块后，故障排除。

5. 原理分析法

根据数控机床组成原理，从逻辑上分析各点的逻辑电平和特征参数，从系统各部件的工作原理着手进行分析和判断，确定故障部位的维修方法。当然，运用这种方法，要求维修人员对整个系统或每个部件的工作原理都要有清楚、深刻的了解，才可能对故障部位进行定位。

例 5 数控机床 QCK040 有一次 X 轴进给失控，无论是点动还是程序进给，导轨一旦移动起来就不能停下，直到按下"紧急停止"按钮为止。根据数控系统位置控制的基本原理，可以确定故障出现在 X 轴的位置环上，并很可能是由于位置反馈信号丢失造成的，这样，当数控装置给出进给量的指令位置时，反馈的实际位置始终为零，位置误差始终不能消除，导致机床进给的失控。更换 X 轴编码器后，故障排除。

6. 参数检查法

数控系统发生故障时，应及时核对系统参数，系统参数的变化会直接影响到机床的性能，甚至使机床不能正常工作，出现故障。参数通常存放在磁泡存储器或由电池保持的 CMOS RAM 中，一旦外界干扰或电池电压不足，会使系统参数丢失或发生变化而引起混乱现象。通过核对、调整参数，就能排除故障。

1.1.3 数控机床维修技术资料的要求

技术资料是数控机床故障诊断与维修的指南，在维修工作中起着至关重要的作用。借助于技术资料可以大大提高维修工作的效率与维修的准确性。一般来说，对于重大的数控机床故障维修，在理想状态下，应具备以下技术资料。

（1）数控机床使用说明书

它是由机床生产厂家编制并随机床提供的随机资料。数控机床使用说明书通常包括以下与维修有关的内容。

1）机床的操作过程和步骤。

2）机床主要机械传动系统及主要部件的结构原理示意图。

3）机床的液压、气动、润滑系统图。

4）机床安装和调整的方法与步骤。

5）机床电气控制原理图。

6）机床使用的特殊功能及其说明等。

（2）数控系统的操作、编程说明书（或使用手册）

它是由数控系统生产厂家编制的数控系统使用手册，通常包括以下内容。

1）数控系统的面板说明。

2）数控系统的具体操作步骤，包括手动、自动、试运行等方式的操作步骤，以及程序、参数等的输入、编辑、设置和显示方法。

3）加工程序以及输入格式，程序的编制方法，各指令的基本格式以及所代表的意义等。

（3）PLC程序

它是机床生产厂家根据机床的具体控制要求设计、编制的机床控制软件。PLC程序中包含了机床动作的执行过程，以及执行动作所需的条件，它表明了指令信号、检测元件与执行元件之间的全部逻辑关系。借助PLC程序，维修人员可以迅速找到故障原因，它是数控机床维修过程中使用最多、最重要的资料。FANUC、SIEMENS系统利用数控系统的显示器可以直接对PLC程序进行动态检测和观察，它为维修提供了极大的便利，因此，在维修中一定要熟练掌握这方面的操作和使用技能。

（4）机床参数清单

它是由机床生产厂家根据机床的实际情况，对数控系统进行的设置与调整。机床参数是系统与机床之间的"桥梁"，它不仅直接决定了系统的配置和功能，而且也关系到机床的动、静态性能和精度，因此也是维修机床的重要依据与参考。在维修时，应随时参考系统机床参数的设置情况来调整、维修机床。特别是在更换数控系统模块时，一定要记录机床的原始设置参数，以便机床功能的恢复。

（5）数控系统的连接说明书、功能说明书、参数说明书和维修说明书

这些资料由数控系统生产厂家编制，通常只提供给机床生产厂家作为设计资料。系统的连接说明书、功能说明书包含比电气原理图更为详细的系统各部分之间的连接要求与说明；参数说明书包含机床参数的说明；维修说明书包含机床报警的显示及处理方法，以及系统的连接图等，它是维修数控系统与操作机床中必须参考的技术资料之一。

（6）伺服驱动系统、主轴驱动系统的使用说明书

它是伺服系统及主轴驱动系统的原理与连接说明书，主要包括伺服、主轴的状态显示与报警显示，驱动器的调试、设定要点，信号、电压、电流的测试点，驱动器设置的参数及意义等方面的内容，可供伺服驱动系统、主轴驱动系统维修参考。

（7）PLC 使用与编程说明

它是机床中所使用的外置或内置式 PLC 的使用、编程说明书。维修人员可以通过 PLC 的功能与指令说明，分析、理解 PLC 程序，并由此详细了解、分析机床的动作过程、动作条件、动作顺序以及各信号之间的逻辑关系，必要时还可以对 PLC 程序进行部分修改。

（8）机床主要配套功能部件的说明书与资料

在数控机床上往往会使用较多的功能部件，如数控转台、自动换刀装置、润滑与冷却系统、排屑器等。这些功能部件的生产厂家一般都提供了较完整的使用说明书，机床生产厂家应将其提供给用户，以便功能部件发生故障时参考。

 工作任务报告

查阅资料，完成汇总报告：阐述在数控机床发生故障时一般的维修步骤。

任务 1.2　数控机床常用的维修工具及备件

任务目的　1. 认识数控机床常用维修工具的作用与使用方法。
　　　　　　2. 实践电气元器件的选型与使用。
实验设备　FANUC 0*i* Mate-D 系统数控铣床实训台。
实验项目　1. 常用机械检修工具的测量与使用。
　　　　　　2. 常用电气元器件的控制电路连接。

 工作过程知识

1.2.1　常用的数控机床维修工具

1. 机械拆卸及装配工具

1）单头钩形扳手：分为固定式和调节式两种，可用于扳动在圆周方向上开有直槽或孔的圆螺母。

2）端面带槽或孔的圆螺母扳手：分为套筒式扳手和双销叉形扳手。

3）弹性挡圈拆装钳（如图 1-4 所示）：分为轴用弹性挡圈拆装钳和孔用弹性挡圈拆装钳。

4）弹性锤：分为木槌和铜锤。

5）拉带锥度平键工具：分为冲击式拉锥度平键工具和抵拉式拉锥度平键工具。

图 1-4　弹性挡圈拆装钳

6）拉带内螺纹的小轴、圆锥销工具（俗称拔销器）。

7）拉卸工具：拆装在轴上的滚动轴承、带轮式联轴器等零件时，常用拉卸工具。拉卸工具常分为螺杆式及液压式两类，螺杆式拉卸工具又分为两爪、三爪和铰链式三类。

8）拉开口销扳手和销子冲头。

2. 机械检修工具

1）尺：分为平尺、刀口尺（如图 1-5 所示）和 90°角尺（如图 1-6 所示）。

图 1-5 刀口尺

图 1-6 90°角尺（水平仪）

2）垫铁（如图 1-7 所示）：分为调整垫铁、减振垫铁和偏摆仪垫铁等。

3）检验棒（如图 1-8 所示）：分为带标准锥柄检验棒、圆柱检验棒和专用检验棒。

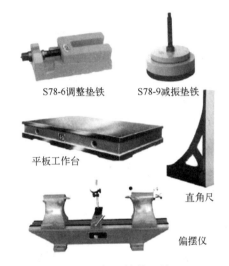

S78-6调整垫铁　　　S78-9减振垫铁

平板工作台

直角尺

偏摆仪

图 1-7 垫铁等工具

图 1-8 检验棒

4）游标万能角度尺（如图 1-9 所示）：它主要用来测量工件内外角度，按其分度值可分为 2′ 和 5′ 两种；按其尺身的形状可分为圆形和扇形两种。

3. 电气维修工具

1）电烙铁（如图 1-10 所示）：它是最常用的焊接工具之一，一般应采用 30W 左右的尖头、带接地保护线的内铁式电烙铁。最好是使用恒温式电烙铁。

2）吸锡器：常用的是便携式手动吸锡器，也可采用电动吸锡器。

3）旋具类（如图 1-11 所示）：规格齐全的一字螺钉旋具与十字螺钉旋具各一套，以采用树脂或塑料手柄为宜。为了进行伺服驱动器的

图 1-9 游标万能角度尺

调整与装卸，还应配备无感螺旋刀与梅花形六角旋具各一套。

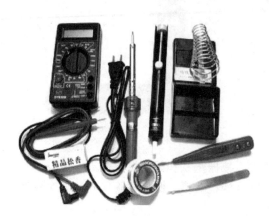

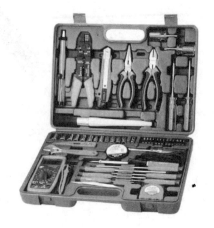

图 1-10　烙铁焊接套装　　　　　　　图 1-11　旋具钳类工具

4）钳类工具：各种规格的斜口钳、尖嘴钳、剥线钳、镊子、压线钳等。

5）其他：包括剪刀、吹尘器、卷尺、焊锡丝、松香、酒精、刷子等。

1.2.2　常用的数控机床维修仪表

（1）磁性表座及百分表（如图 1-12 所示）

百分表用于测量零件间的平行度、轴线与导轨的平行度、导轨的直线度、工作台台面平面度以及主轴的轴向圆跳动和径向圆跳动。磁性表座用于固定百分表。

图 1-12　磁性表座及百分表

（2）杠杆百分表（如图 1-13 所示）

杠杆百分表用于测量受空间限制的工件，如内孔跳动、键槽等。使用时应注意使测量运动方向与测头中心垂直，以免产生测量误差。

图 1-13　杠杆百分表

（3）千分表及杠杆千分表

千分表及杠杆千分表的工作原理与百分表及杠杆百分表相同，只是分度值不同，常用于精密机床的修理，测量机床移动距离、反向间隙值等。通过测量，可以大致判断机床的定位精度、重复定位精度和加工精度等。根据测量值可以调整数控系统的电子齿轮比、反向间隙等主要参数，以恢复机床精度。

（4）比较仪（如图1-14所示）

比较仪可分为扭簧比较仪与杠杆齿轮比较仪两类。扭簧比较仪特别适用于精度要求较高的跳动量的测量。

（5）水平仪（如图1-15所示）

水平仪是机床制造和修理中最常用的测量仪器之一，用来测量导轨在垂直面内的直线度、工作台台面的平面度以及零件相互之间的垂直度、平行度等。水平仪按其工作原理可分为水准式水平仪和电子水平仪两类。

图1-14　比较仪

图1-15　水平仪

（6）转速表

转速表常用于测量伺服电动机的转速，是检查伺服调速系统的重要依据之一，常用的转速表有离心式转速表和数字式转速表等。

（7）万用表

数字万用表可用于大部分电气参数的准确测量，判别电气元器件的性能好坏。数控机床维修对数字万用表的基本测量范围以及精度要求一般如下。

1）交流电压：$200\,mV \sim 700\,V$，$200\,mV$档的分辨率应不低于$100\,\mu V$。

2）直流电压：$200\,mV \sim 1000\,V$，$200\,mV$档的分辨率应不低于$100\,\mu V$。

3）交流电流：$200\,\mu A \sim 20\,A$，$200\,\mu A$档的分辨率应不低于$0.1\,\mu A$。

4）直流电流：$20\,\mu A \sim 20\,A$，$20\,\mu A$档的分辨率应不低于$0.01\,\mu A$。

5）电阻：$200\,\Omega \sim 200\,M\Omega$，$200\,\Omega$档的分辨率应不低于$0.1\,\Omega$。

6）电容：$2\,nF \sim 20\,\mu F$，$2\,nF$档的分辨率一般应不低于$1\,pF$。

7）晶体管：h_{FE}范围为$0 \sim 1000$。

8）具有二极管测试与蜂鸣器功能。

（8）示波器（如图 1-16 所示）

示波器用于检测信号的动态波形，如脉冲编码器、测速机、光栅的输出波形，伺服驱动、主轴驱动单元的各级输入、输出波形等；还可以用于检测开关电源显示器的垂直、水平振荡与扫描电路的波形等。数控机床维修用的示波器通常选用频带宽为 10~100 MHz 的双通道示波器。

（9）相序表（如图 1-17 所示）

相序表主要用于测量三相电源的相序，它是直流伺服驱动、主轴驱动维修的必要测量工具之一。

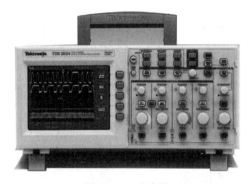
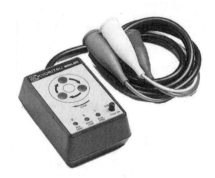

图 1-16　示波器　　　　　　　　　　　　图 1-17　相序表

1.2.3　常用的数控机床维修仪器

（1）测振仪（如图 1-18 所示）

测振仪是振动检测中最常用、最基本的仪器。它将测振传感器输出的微弱信号放大、变换、积分、检波后，在仪器仪表或显示屏上直接显示被测设备的振动值大小。为了适应现场测试的要求，测振仪一般都做成便携式或笔式。测振仪用来测量数控机床主轴的运行情况、电动机的运行情况，甚至整机的运行情况，可根据所需测定的参数、振动频率和动态范围，传感器的安装条件，机床的轴承形式（滚动轴承或滑动轴承）等因素，分别选用不同类型的传感器。常用的传感器有涡流式位移传感器、磁电式速度传感器和压电加速度传感器。

（2）红外测温仪（如图 1-19 所示）

红外测温仪是利用红外辐射原理，将对物体表面温度的测量转换成对其辐射功率的测量，采用红外探测器和相应的光学系统接收被测物不可见的红外辐射能量，并将其变成便于检测的其他能量形式予以显示和记录。

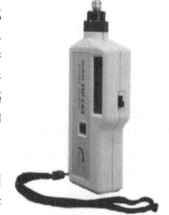

图 1-18　测振仪

（3）激光干涉仪（如图 1-20 所示）

激光干涉仪可对机床、三坐标测量机及各种定位装置进行高精度的精度校正（位置和几何），可完成各项参数的测量，如形位精度、重复定位精度、角度、直线度、垂直度、平行度及平面度等。它还具有一些选择功能，如自动螺距误差补偿（适用于大多数的数控系统）、机床动态特性测量与评估、回转坐标分度精度标定、触发脉冲输入/输出等。激光干涉仪用于机床精度的检测及长度、角度、直线度、直角等的测量，精度高、效率高、使用方便，测量长度可达十几米甚至几十米，精度达微米级。

图1-19　红外测温仪

图1-20　激光干涉仪

1.2.4　常用的数控机床电气元器件

数控机床的维修所涉及的元器件、零件众多，备用的元器件不可能全部准备充分、齐全，但是，若维修人员能准备一些最为常见的易损元器件，则可以给维修带来很大的方便，有助于迅速处理问题。这些易损元器件主要包括如下几种。

（1）小型断路器（如图1-21所示）

小型断路器适用于交流50 Hz或60 Hz，额定电压230~380 V的保护线路中，主要用于过载、短路保护，同时也可以在正常情况下作为线路的不频繁转换之用，尤其适用于工业和商业的照明配电系统。

（2）交流接触器（如图1-22所示）

交流接触器适用于交流50 Hz或60 Hz，额定绝缘电压为690 V，在AC-3使用类别下，额定工作电压为380 V时的额定工作电流为9~32 A，主要用来接通与断开负载，与继电器控制回路组合，适用于控制交流电动机的起动、停止及反转，也用于电气设备的远控与连锁。

图1-21　小型断路器

图1-22　交流接触器

（3）继电器（如图1-23所示）

继电器用来接通和断开控制电路，继电器一般都有能反映一定输入变量（如电流、电压、功率、阻抗、频率、温度、压力、速度、光等）的感应机构（输入部分）；有能对被控电路实现"通""断"控制的执行机构（输出部分）。继电器线圈的电流和电压应与控制电路一致，且按照需要选择触点的类型（动断或动开）和数量。

（4）限位开关（如图1-24所示）和接近开关（如图1-25所示）

限位和接近开关可以安装在相对静止的物体（如固定架、门框等，简称静物）上或者运动的物体（如行车、门等，简称动物）上。当动物接近静物时，开关的连杆驱动开关的触点将引起闭合的触点分断或者断开的触点闭合，由开关触点开、合状态的改变去控制电路和机床。

图1-23　中间继电器

图1-24　限位开关

（5）按钮类、急停开关

机床操作面板上的各类规格按钮如图1-26所示。

图1-25　接近开关

图1-26　各类按钮

 工作任务报告

1. 熟悉常用数控机床维修工具的使用方法。

2. 了解常用电气元器件的结构、工作原理及使用方法。

3. 水平仪、百分表的测量读表练习。

4. 使用万用表测出交流接触器、中间继电器、按钮类元器件的常闭、常开触点及线圈触点。其步骤如下（以中间继电器为例）。

1）在不通电的情况下，用万用表通断档检测继电器底座上（1、5）、（1、9）、（4、8）、（4、12）四组触点之间的通断情况，并记录。

2）用手拨动继电器线圈上的强制开关，重复步骤1），并记录。

3）根据记录判断出继电器的常开、常闭触点。

项目 2

FANUC 0*i* Mate-D数控
系统的调试与维修

 学习目的

　　FANUC 数控系统是数控机床上使用最广、维修中遇到最多的数控系统之一。FANUC 不同系列的数控系统虽然功能、配置在各机床中各不相同，但由于数控系统的基本设计思想相同，因而故障诊断的方法十分相近。掌握数控系统的常规操作、连接检查、参数测试，以及电源电压的确认等是故障诊断的基础。

　　数控系统发生报警时，通常情况下根据系统显示器上显示的报警号与报警内容，定位相关功能的故障。显示功能失效时，必须依靠系统主板或其他部分的指示灯（LED）的状态，进行故障分析、诊断与维修。

任务 2.1　FANUC 0*i* Mate-D 数控系统的操作

任务目的　1. 认识数控系统工作方式、系统参数、PMC、伺服设定等操作画面。
　　　　　　2. 理解各机床操作画面的含义。
实验设备　FANUC 0*i* Mate-D 数控系统实训台。
实验项目　1. 熟练操作数控系统各操作画面。
　　　　　　2. 学会选择与系统维修有关的操作画面。

 工作过程知识

2.1.1　FANUC 0*i* Mate-D 数控系统 MDI 面板

　　FANUC 数控系统的操作面板可分为 LCD 显示区、MDI 键盘区（包括字符键和功能键）、软键开关区和存储卡接口。显示屏有 8.4 in（1 in≈25.4 mm）LCD/MDI（彩色、有竖形和横形两种，如图 2-1 所示）和 10.4 in LCD（彩色、独立 MDI 面板，如图 2-2 所示）。

　　MDI 面板上各键的分布情况如图 2-3 所示，各操作键的含义如下。

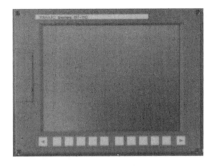

图 2-1 8.4 in LCD   图 2-2 10.4 in LCD

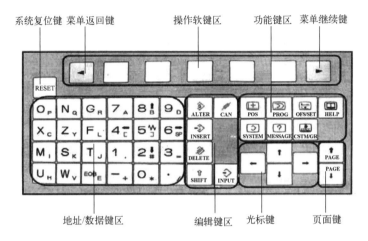

图 2-3 MDI 键的分布

1）地址/数据键区：它的上面 4 行为字母、数字和字符部分。操作时，用于字符的输入，其中"EOB"为分号（;）输入键，其他为功能或编辑键。

2）"SHIFT"键：上档键，按一下此键，再按字符键，将输入对应右下角的字符。

3）"CAN"键：退格/取消键，可删除已输入到缓冲器中的最后一个字符。

4）"INPUT"键：写入键，当按了地址键或数字键后，数据被输入到缓冲器，并在屏幕上显示出来；为了把键入到输入缓冲器中的数据复制到寄存器，按此键将字符写入到指定的位置。

5）"ALTER"键：替换键。

6）"INSERT"键：插入键。

7）"DELETE"键：删除键。

8）"PAGE"键：翻页键，包括上、下两个键，分别表示屏幕上页键和屏幕下页键。

9）"RESET"键：复位键，按此键可以使 CNC 复位，用来消除报警。

10）光标键：分别用于光标的上、下、左、右移动。

11）软键区：这些键对应各种功能键的各种操作功能，根据操作界面进行相应的变化。

12）菜单继续键（NEXT）：此键用以扩展软键菜单，按下此键，菜单将改变，再按下此键，菜单又恢复。

此外，功能键区中各功能键的含义如下。

1）"POSITION"键 ：显示绝对坐标等的位置及负载表等。

2）"PROGRAM"键 📺：加工程序的输入和检查。

3）"OFFSET/SETTING"键 📟：刀具补偿和 SETTING 画面及用户宏变量的显示。

4）"SYSTEM"键 📟：CNC 参数和 PMC 等的系统信息提示。

5）"MESSAGE"键 📟：CNC 报警和 PMC 送出信息提示。

6）"GRAPH"键 📟：加工程序刀具轨迹的图形模拟，小型系统为"CSTM/GRA"。

7）"HELP"键 📟：帮助键，按此键用来显示如何操作机床的帮助信息。

2.1.2 数控系统和加工操作有关的画面

1. 回参考点（REF）方式

回参考点方式主要是进行机床机械坐标系的设定。选择回参考点方式，用机床操作面板上各轴返回参考点的按钮，使刀具沿指定的方向移动。刀具先以较快的速度移动到减速点上，然后按 FL 速度移动到参考点，画面如图 2-4 所示。

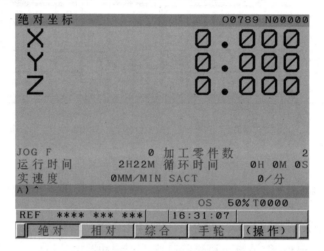

图 2-4　回参考点画面

2. 点动进给（JOG）方式

在点动进给方式下，按机床操作面板上的进给轴方向选择开关，机床沿选定轴的选定方向移动。手动操作通常一次移动一个轴，但也可以用参数指定选择同时多轴联动，画面如图 2-5 所示。

图 2-5　点动进给方式画面

3. 增量进给（INC）方式

在增量进给方式下，按机床操作面板上的进给轴和方向选择开关，机床在选择的轴选方向上移动一步。机床移动的最小距离是最小增量单位。每一步可以是最小输入增量单位的 1 倍、10 倍、100 倍或 1000 倍。当没有手摇时，此方式有效，画面如图 2-6 所示。

图2-6　增量进给方式画面

4. 手轮进给（HND）方式

在手轮进给方式下，通过旋转机床操作面板上的手摇脉冲发生器，使机床连续不断地移动，用开关选择移动轴和倍率，画面如图2-7所示。

图2-7　手轮进给方式画面

5. 存储器运行（MEM）方式

也称自动运行方式，程序预先存储在存储器中，当选定一个程序并按下机床操作面板上的循环起动按钮时，机床开始自动运行，画面如图2-8所示。

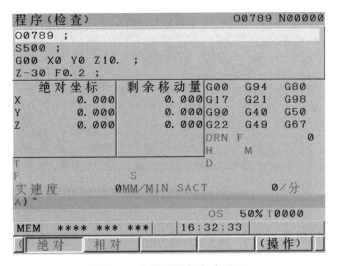

图2-8　存储器运行方式画面

6. 手动数据输入（MDI）运行方式

在手动数据输入运行方式下，在MDI面板上输入10行程序段，可以自动执行，MDI运行一般用于简单的测试操作，画面如图2-9所示。

7. 程序编辑（EDIT）方式

在程序编辑方式下，可以进行数控加工程序的编辑、修改、查找等功能，画面如图2-10所示。

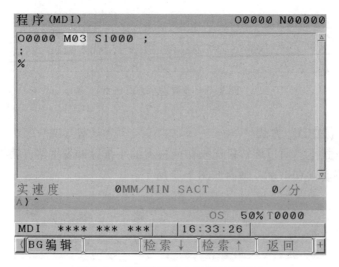

图 2-9　手动数据输入运行方式画面

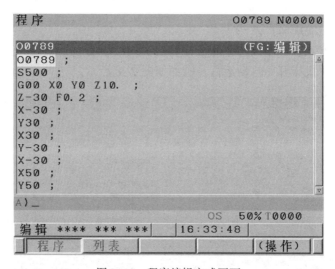

图 2-10　程序编辑方式画面

2.1.3　数控系统和机床维护操作有关的画面

1. 参数设定画面

参数设定画面用于数控机床参数的设置、修改等操作。在操作时需要打开参数开关，按"OFS/SET"键显示如图 2-11 所示画面后就可以修改参数开关，当参数开关"写参数=1"时，可以进入参数显示画面（如图 2-12 所示），进行参数修改。也可以直接按"SYSTEM"键，单击"参数"软键，直接进入系统参数显示画面。

2. 诊断画面

当数控机床出现报警时，可以按图 2-12 中的诊断键，通过诊断画面（如图 2-13 所示）进行故障的诊断。

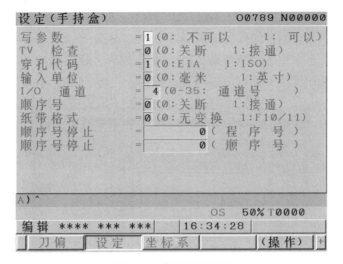

图 2-11 参数开关画面

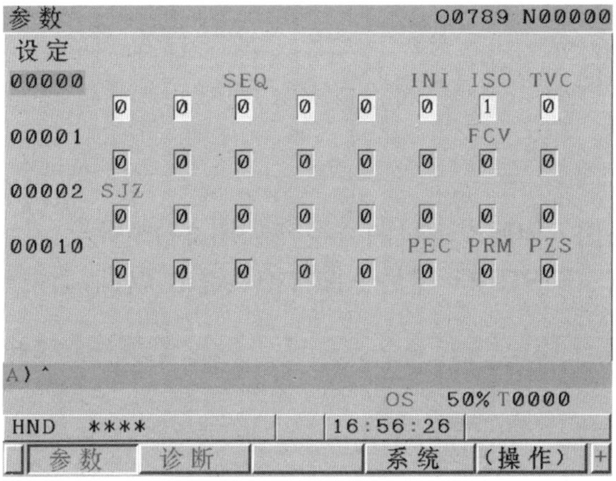

图 2-12 系统参数显示画面

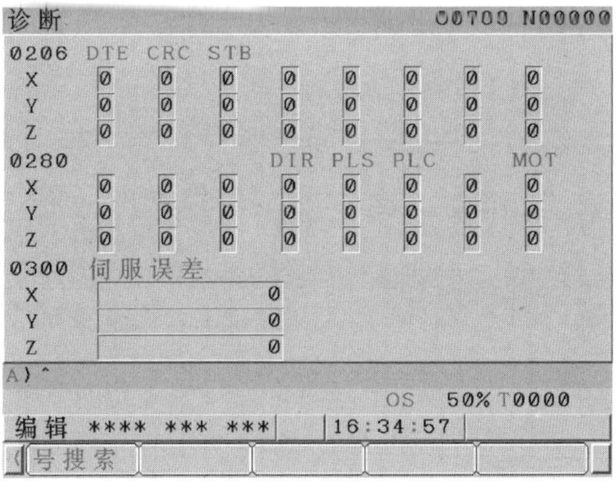

图 2-13 诊断画面

3. PMC 画面

PMC 是数控机床内置的可编程序的控制器，PMC 画面（如图 2-14 所示）是比较常用的一个画面，它可以进行 I/O 状态查询、PMC 在线编辑、通信等功能。按 "SYSTEM" 键后，按右扩展键出现 PMC 画面。

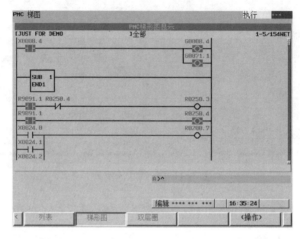

图 2-14　PMC 画面

4. 伺服监视画面

伺服监视画面主要用于伺服电动机的监视（如图 2-15 所示），如位置环增益、位置误差、电流、速度等。按 "SYSTEM" 键后，按右扩展键出现伺服监视画面。

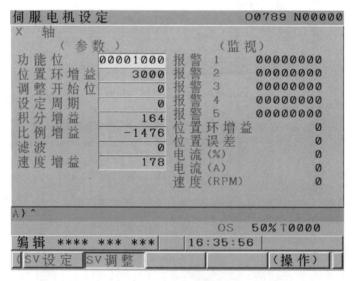

图 2-15　伺服监视画面

5. 主轴监视画面

主轴监视画面主要用于进行主轴状态的监视（如图 2-16 所示），如主轴报警、运行方式、速度、负载表等。按 "SYSTEM" 键后，按右扩展键出现主轴监视画面。

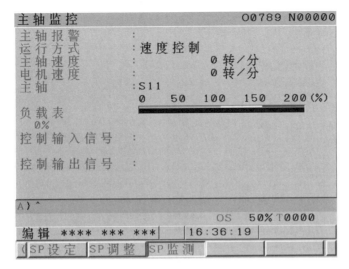

图2-16   主轴监视画面

6. 系统硬件配置画面

系统硬件配置画面主要用于显示主板及主板上的卡、模块信息，以及显示器相关、可选插槽上的板等信息（如图2-17所示）。

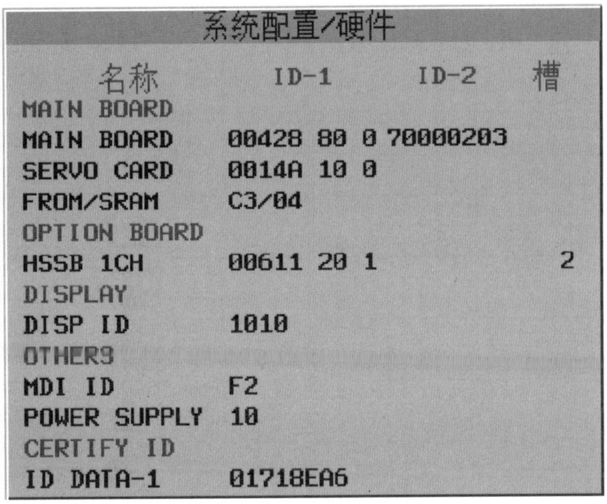

图2-17   系统硬件配置画面

7. 系统软件配置画面

系统软件配置画面主要用于显示系统软件的种类、系列及版本等信息（如图2-18所示）。

 工作任务报告

1. 填写出表2-1所示FANUC标准机床操作面板功能上各键的含义。

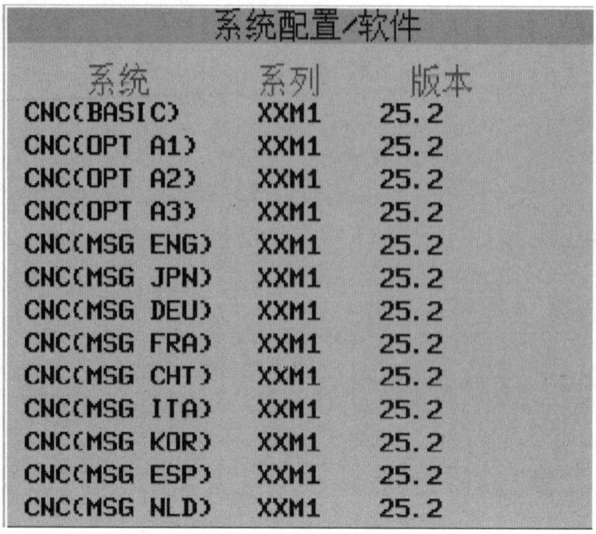

图 2-18　系统软件配置画面

表 2-1　FANUC 标准机床操作面板功能上各键含义

图　标	功能键含义	图　标	功能键含义
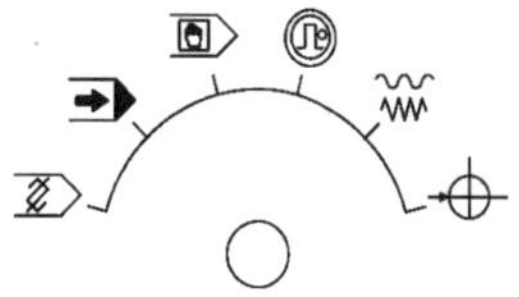	例答：机床工作方式选择旋钮	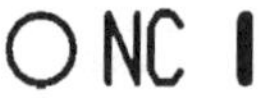	
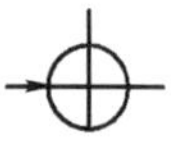		X Y Z	
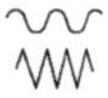		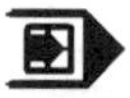	
		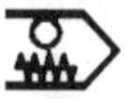	
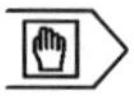		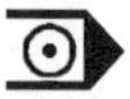	
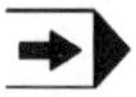			
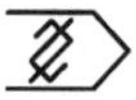		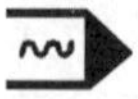	
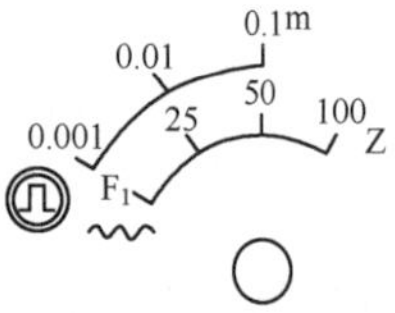		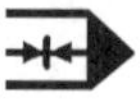	
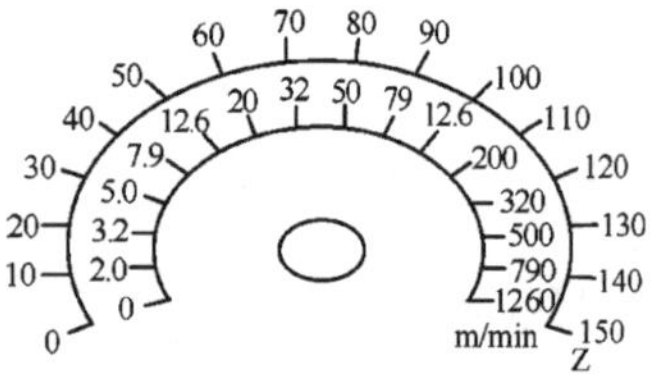		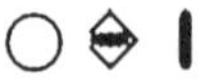	

（续）

图　标	功能键含义	图　标	功能键含义

2. 熟悉 FANUC 0i Mate-D 数控系统的操作，编写一段加工程序：加工程序的刀位轨迹是一个正方形，坐标位置是 XY 平面的（50，50）、（150，50）、（150，150）、（50，150），该程序的刀位轨迹能够在正方形中反复循环。可进行如下操作。

1）通过方式选择可以实现 JOG、自动、MDI 等方式的切换，在各方式下进行操作。

2）单段程序运行、空运行、机床锁住方式运行。

3）在手动方式下调节倍率开关，能改变进给轴的进给速度。

3. 手轮的使用：在手摇方式下，将开关按钮拨到 X 方向，在调节快速进给倍率时摇动手轮，X 进给轴工作；开关按钮拨到 Y 方向，摇动手轮，Y 进给轴工作；开关按钮拨到，Z 方向，摇动手轮，Z 进给轴工作。

⚠ 时刻注意进给的方向与倍率，以免发生危险，有防护的要关上防护。可以先在实训台上进行练习，熟练后再进行机床操作。

任务 2.2　FANUC 0i Mate-D 数控系统的连接

任务目的　1. 认识数控系统的特点、基本组成和应用。
　　　　　　2. 实践 FANUC 0i Mate-D 数控系统的硬件连接。
实验设备　FANUC 0i Mate-D 数控系统实训台。
实验项目　1. 认识数控系统与外围设备的连接。
　　　　　　2. 描述数控系统各基本单元的组成及其作用。
　　　　　　3. 实践数控系统组成部件之间的连接。

🔧 **工作过程知识**

FANUC 0i Mate-D 数控系统是一款具有高性价比的超薄一体型中档半闭环 CNC 系统。FANUC 0i Mate-D 数控系统采用模块结构，主 CPU 板上除了主 CPU 及外围电路之外，还集成了 FROM&SARM 模块、PMC 控制模块、存储器和主轴模块、伺服模块等。其集成度较 FANUC 0 系统较高，因此 FANUC 0i Mate-D 控制单元的体积更小，便于安装排布，其系统配置见表 2-2，主要功能及特点如下。

表 2-2　FANUC 0i Mate-D 系统配置

系统型号	可连接的伺服电动机	可连接的主轴电动机	伺服接口	显示单元	应用机床	最大控制轴数	同时控制轴数
FANUC 0i Mate-D	βiS 伺服电动机	βi 主轴电动机/模拟量主轴电动机	FANUC 串行伺服总线（FSSB）	7.2 in 单色 LCD	数控车床	2 轴	2 轴
					数控铣床加工中心	3 轴	3 轴

1）采用全字符键盘，可用 B 类宏程序编程，使用方便。

2）使用编程卡编写或修改梯形图，携带与操作都很方便，特别是在用户现场扩充功能或实施技术改造时更为便利。

3）使用存储卡存储或输入机床参数、PMC 程序以及加工程序，操作方便简单，使复制参数、梯形图和机床调试过程变得十分快捷，缩短了机床调试时间，明显提高了数控机床的生产效率。

4）系统具有 HRV（高速矢量响应）功能，伺服增益设定比 0MD 系统高一倍，理论上可使轮廓加工误差减少一半。以切削圆为例，同一型号机床 0MD 系统的圆度误差通常为 0.02~0.03 mm，若换用 0i 系统后其圆度误差通常为 0.01~0.02 mm。

5）机床运动轴的反向间隙在快速移动或进给移动过程中由不同的间隙补偿参数自动补偿。该功能可以使机床在快速定位和切削进给等不同状态下，反向间隙补偿效果更为理想，这有利于提高零件加工精度。

6）在软件方面，0i 系统比 0 系统也有很大的提高。0i 数控系统增加了适合于模具和汽车制造的功能，如纳米插补、用伺服电动机进行主轴控制、电子齿轮箱等。0i 数控系统具有双路径控制功能，可以在一个车床上实现两个刀具的独立控制，铣削、车削同时进行。

2.2.1　FANUC 0i Mate-D 数控系统基本构成

FANUC 0i Mate-D 数控系统基本功能组成如图 2-19 所示，各部分功能详细描述如下。

（1）CNC 控制用 CP 电源回路

它是将 24 V 转换为 5 V、3.3 V、±12 V、±15 V 系统芯片和接口电路用电。

（2）FROM、SRAM、DRAM 存储器

1）快速可改写只读存储器（Flash Read Only Memory，FROM）存放着 FANUC 公司的系统软件，包括插补控制软件、数字伺服软件、PMC 控制软件、PMC 应用程序（梯形图）、网络通信软件（以太网及 RS-232C、DNC 等）和图形显示软件等。

2）静态随机存储器（Static Random Access Memory，SRAM）存放着机床厂及用户数据，包括系统参数（含数字伺服参数）、加工程序、用户宏程序、PMC 参数、刀具补偿及工件坐标补偿数据和螺距误差补偿数据等。

3）动态随机存储器（Dynamic Random Access Memory，DRAM）作为工作存储器，在控制系统中起缓存作用。

（3）2-4 轴控制卡

0i-D 数控系统最多可以控制 4 个轴。目前数控技术广泛采用全数字伺服交流同步电动机控制。全数字伺服的运算以及脉宽调制已经以软件的形式打包装入 CNC 系统内（写入 FROM 中），支撑伺服软件运算的硬件环境由数字信号处理器（Digital Signal Process，DSP）以及周边电路组成，这就是所谓的"轴控制卡"。

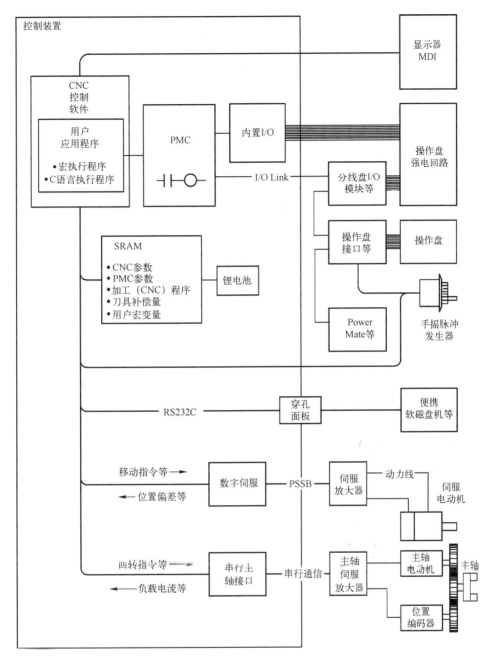

图 2-19　数控系统基本功能图

（4）LCD 显示控制

其用于液晶显示接口电路。

（5）MDI 接口电路

位于显示器右侧的手动数据输入键盘的接口电路，相当于 PC 的 101 键盘，该信号直接接入 FANUC 系统总线。

（6）I/O Link 串行输入/输出接口电路

用于连接 CNC 与 PMC 以及输入/输出接口信号。PMC 轴控制也是通过 I/O Link 完成数据交换的。

（7）主轴控制接口

FANUC 0i 系列数控系统除了提供 FANUC 专用数字主轴通道"主轴串行接口"外，同时还保留了一个传统的"模拟主轴输出"通道，通过 S 指令译码后，输出 $-10 \sim 10V$ 的模拟指令电压。这一功能特别适宜采用通用变频调速作为机床主轴的数控机床。

（8）RS-232C 接口

FANUC 0i 系列提供两个 RS-232C 接口，用于数控系统与外部设备（计算机、上位机工作站等）进行数据交换、传送程序或参数。

（9）存储卡接口

新的 FANUC 0i Mate-D 系列在显示器旁边提供一个闪存卡插槽作为存储介质，便于用户进行数据交换，如传出/读入加工程序、备份机床系统参数等。

2.2.2 FANUC 0i Mate-D 数控系统整体连接

FANUC 0i Mate-D 数控系统整体连接如图 2-20 所示。对于 βi 系列伺服放大器，如果不配 FANUC 公司生产的主轴电动机，伺服放大器是单轴或双轴型；如果配 FANUC 主轴电动机，伺服放大器是一体型（SVSP）。

2.2.3 FANUC 0i Mate-D 控制单元硬件连接

FANUC 0i Mate-D 数控单元硬件连接图如图 2-21 所示。

此外，I/O Link 单元的连接如图 2-22 所示。

2.2.4 FANUC 0i Mate-D 控制单元接口

FANUC 0i Mate-D 控制单元接口布置如图 2-23 所示，功能接口见表 2-3。

表 2-3 FANUC 0i Mate-D 功能接口

端 口 号	用 途
COP10A	伺服 FSSB 总线接口，系统轴卡与伺服放大器间的总线接口
CD38A	以太网接口
CA122	系统软键信号接口
JA2	系统 MDI 键盘接口
JD36A/JD36B	RS-232C 串行接口 1/2
JA40	模拟主轴信号接口/高速跳转信号接口
JD51A	I/O Link 总线接口，系统与机床强电柜 I/O 设备间的数据接口
JA41	串行主轴接口/主轴独立编码器接口
CP1	系统电源输入（DC 24 V）
JGA	后面板接口
CA79A	视频信号接口
CA88A	PCMCIA 接口
CA121	变频器（彩色 LCD 用）

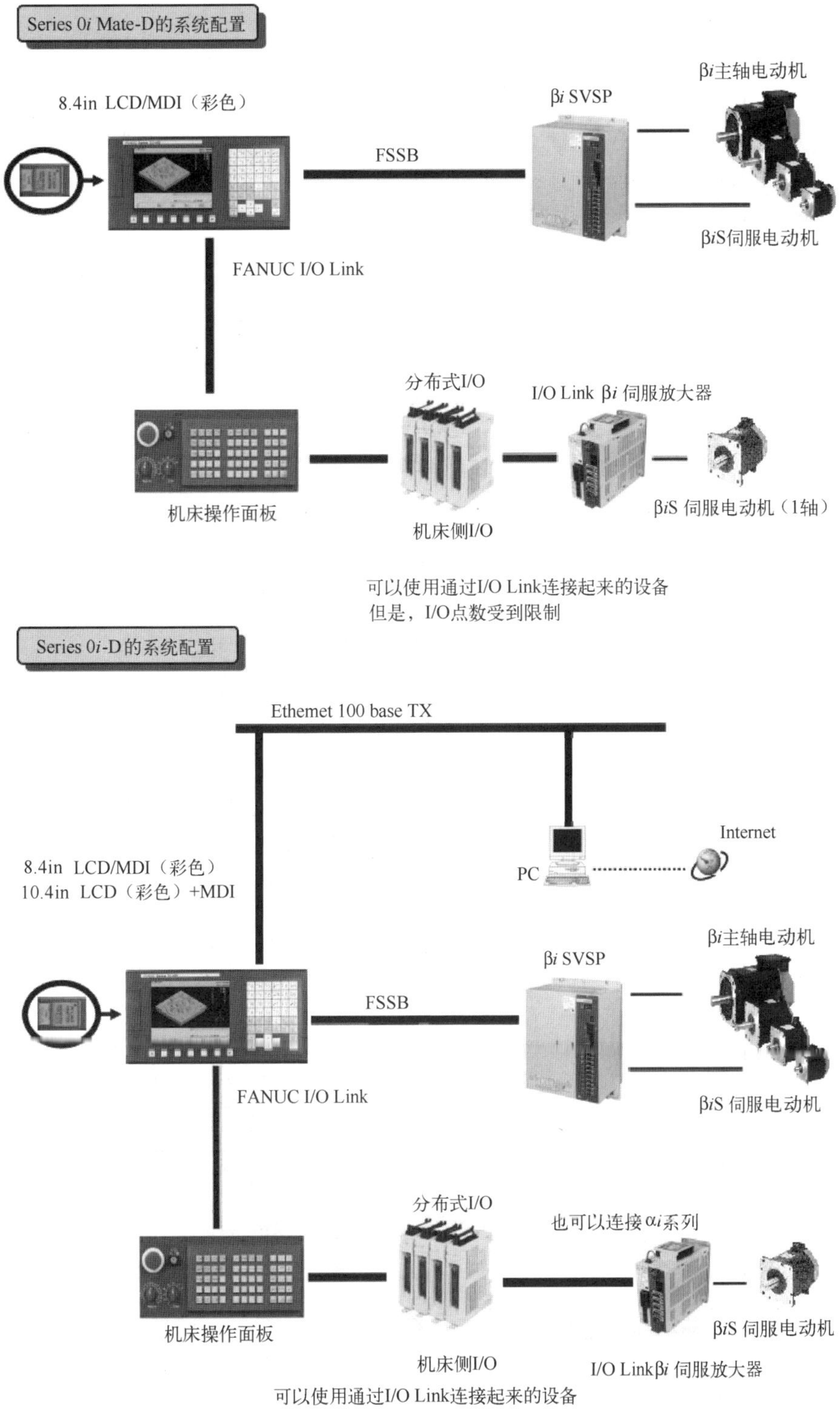

Series 0*i* Mate-D的系统配置

8.4in LCD/MDI（彩色）

β*i* SVSP

β*i*主轴电动机

FSSB

β*i*S伺服电动机

FANUC I/O Link

分布式I/O

I/O Link β*i* 伺服放大器

机床操作面板

机床侧I/O

β*i*S 伺服电动机（1轴）

可以使用通过I/O Link连接起来的设备
但是，I/O点数受到限制

Series 0*i*-D的系统配置

Ethemet 100 base TX

8.4in LCD/MDI（彩色）
10.4in LCD（彩色）+MDI

PC

Internet

β*i* SVSP

β*i*主轴电动机

FSSB

β*i*S 伺服电动机

FANUC I/O Link

分布式I/O

也可以连接α*i*系列

机床操作面板

机床侧I/O

I/O Linkβ*i* 伺服放大器

β*i*S 伺服电动机

可以使用通过I/O Link连接起来的设备

图 2-20　FANUC 0*i* Mate-D 和 FANUC 0*i*-D 数控系统的整体连接

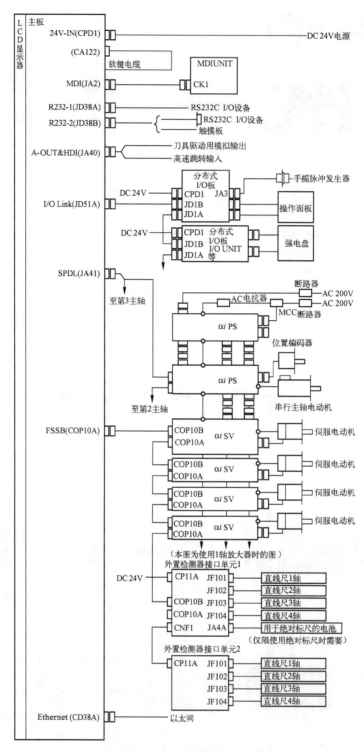

图 2-21　FANUC 0*i* Mate-D 数控单元硬件连接图

Series 0*i*-D的情形

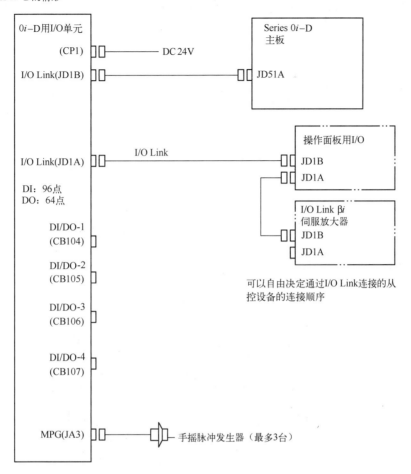

Series 0*i* Mate-D的情形

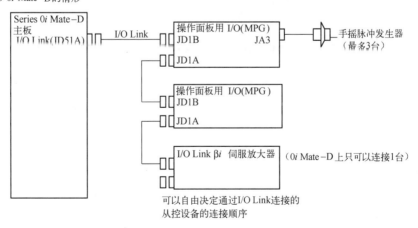

图 2-22　I/O Link 单元硬件连接

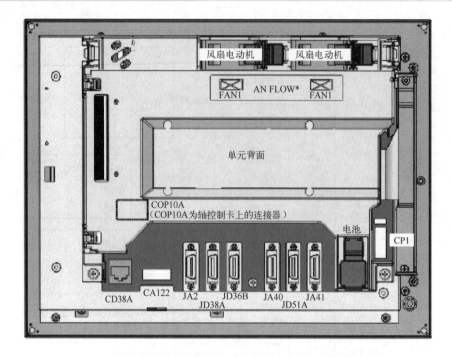

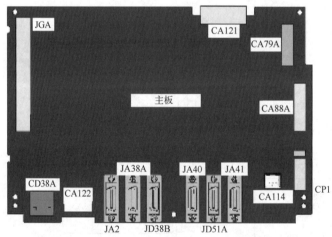

图 2-23　FANUC 0*i* Mate-D 控制单元接口布置图

工作任务报告

1. 表 2-4 列出了 FANUC 0*i* Mate-D 数控机床的主要部件型号，简述其作用，并画出数控系统间各部件的互连图。

表 2-4　FANUC 0*i* Mate-D 数控机床的主要部件型号

部件名称	系列号（MODEL）	型号（TYPE 或 SPEC）	额定输出	额定转矩	最大转速	部件作用
主板	0*i* Mate-D	A02B-0311-B500	—	—	—	内含 CPU，发出各种指令，完成轴、主轴、I/O、通信控制等

（续）

部件名称		系列号（MODEL）	型号（TYPE 或 SPEC）	额定输出	额定转矩	最大转速	部 件 作 用
伺服放大器	X	β*i* SV20	A06B-6130-H002	—	—	—	
	Y		A06B-0063-B103	—	—	—	
	Z				—	—	
	SP			—	—	—	
伺服电动机	X	β*i*S 4/4000			4 N·m	4000 r·min^{-1}	
	Y						
	Z						
	SP						
I/O 单元		—	A20B-2002-0520	—	—	—	

2. 根据表 2-5 中对数控机床的控制要求，填写相对应的控制方式。

表 2-5　数控机床的控制要求及控制方式

机 床 类 型	控 制 要 求	控制方式实现
数控铣床	主轴可以实现无级调速	例答：可以使用变频电动机与伺服电动机
	主轴可以实现低转速与大转矩加工	
	主轴可以进行速度反馈与车削螺纹	
	进给轴实现开环控制	
	进给轴实现半闭环控制	
	进给轴实现闭环控制	
	进给轴可以实现无挡块回零	
	可以实现自动换刀	

3. 列出 FANUC 0*i* Mate-D 数控系统的功能特点，阐述什么是纳米插补、2 路径车床功能、HRV 控制、Cs 和 Cf 控制（可参考 www.bj-fanuc.com.cn）。

4. FANUC 0*i* Mate-D 数控系统采用了哪些最新的数字伺服控制技术（可参考 www.bj-fanuc.com.cn）？

任务 2.3　FANUC 0*i* Mate-D 数控系统基本参数设置

任务目的　1. 认识数控系统参数在数控机床调试中的应用。

2. 根据实际要求设定数控系统基本参数。

实验设备　FANUC 0*i* Mate-D 数控系统实训台。

实验项目　1. 数控系统参数的写入。

2. 数控系统基本功能参数的初始化设定。

工作过程知识

2.3.1 数控系统参数的分类

FANUC 0*i* Mate-D 数控系统主要包括以下参数（见表 2-6）：设定（SETTING）的参数、穿孔机/阅读机接口的参数、轴控制的参数、坐标系的参数、存储行程检测的参数、进给速度的参数、加/减速的参数、伺服的参数、输入/输出信号的参数、显示和编辑的参数、程序的参数、螺距误差补偿的参数、刀具补偿的参数、固定循环的参数、用户宏程序的参数以及跳转功能的参数。

表 2-6 FANUC 0*i* Mate-D 数控系统的主要参数

功　　能	起始地址值
设定（SETTING）	0000
阅读机/穿孔机接口	0100
轴控制	1000
坐标系	1200
存储行程检测	1300
进给速度	1400
加/减速	1600
伺服	1800
输入/输出信号	3000
显示和编辑	3100
程序	3400
螺距误差补偿	3600
刀具补偿	5000
固定循环	5100
用户宏程序	6000
跳转功能	6200

2.3.2 数控系统参数的显示

按数控系统 MDI 面板上的功能键 SYSTEM 数次，或者在按下功能键 SYSTEM 后，按下软键"参数"，出现参数画面。输入希望使其显示的参数的数据号，按下软键"搜索号码"，将出现包含输入所指定的数据号在内的页面，光标指向所指定的数据号，如图 2-24 所示。

2.3.3 数控系统参数的写入

数控系统参数写入操作步骤如下。

1）系统置于 MDI 方式，或急停状态。确认 CNC 画面下的运转方式显示为"MDI"，或画面中央下方"EMG"在闪烁。

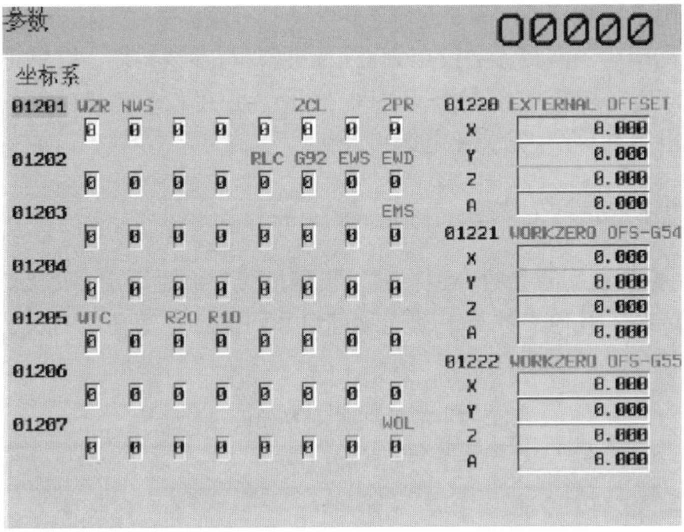

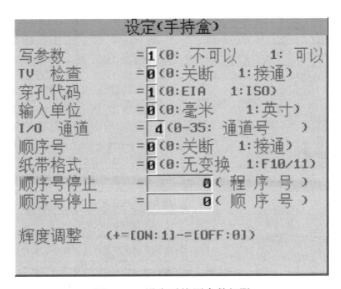

图 2-24　数控系统参数显示

2）用以下步骤使参数处于可写状态，如图 2-25 所示。

① 按 $\boxed{\text{OFFSET SETTING}}$ 功能键一次或几次后，再按软键"SETTING"，可显示 SETTING 画面的第一页。

图 2-25　设定系统写参数权限

② 将光标移至"写参数"处。

③ 按软键"ON：1"或输入 1，再按软键"INPUT"，使"写参数 = 1"。这样参数变为可写入状态，同时 CNC 发生 SW0100 报警（允许参数写入）。

3）按功能键 $\boxed{\text{SYSTEM}}$ 一次或几次后，再按软键"PARAM"，显示参数画面。

4）在显示包含需要设定的参数的画面中，将光标置于需要设定的参数的位置。

5）输入数据，然后按软键"INPUT"，输入的数据将被设定到光标指定的参数中。

6）若需要，则重复步骤4）和5）。

7）参数设定完毕后，需将参数设定画面设定为"写参数=0"，以禁止参数设定。

8）复位（RESET）CNC，解除SW0100报警。但在设定参数时，有时会出现报警PW0000（需切断电源），此时先关掉电源再开机。

2.3.4　数控系统初始参数设定

数控系统与轴控制有关的参数必须在数控机床连接完成时设定，即要设定最低限度所需要的参数（见表2-7）。其他参数与手动连续进给和回参考点等功能有关，可在使用这些功能时再进行设定。

表 2-7　常用的 CNC 初始设定参数

参数号（#位）	一般设定值	参 数 含 义
SETTING 参数		
0000#1（ISO）	1	数据输出为 ISO 代码
0000#2（INI）	0	公制输入
0000#5（SEQ）	1	自动插入加工程序顺序号
轴控制和设定单位参数		
1001#0（INM）	0	直线轴的最小移动单位是公制
1002#0	0	JOG 进给、手动快速进给时同时控制轴数为 1 轴
1006#3（DIA）	1	车床 X 轴半径编程/直径编程
1020	88（X），89（Y），90（Z），65（A），66（B），67（C）	各轴的程序名称
1022	1，2，3	各轴属性的设定（基本3轴的 X、Y、Z轴）
1023	1，2，3	各轴对应第几号轴（伺服轴号）
进给速度参数		
1410	1000 左右	空运行速度（单位为 mm/min，下同）
1420		各轴快移速度（GOO）
1422		最大切削进给速度（所有轴通用）
1423		各轴手动速度（JOG）
1424		各轴手动快移速度（快速移动倍率100%）
1430		各轴最大切削进给速度
伺服参数		
1815#1（OPTX）	0：不使用分离型脉冲检测器	分离型位置检测器
	1：使用分离型脉冲检测器	
1815#5（APCX）	0：不使用绝对位置检测器	电动机绝对编码器
	1：使用绝对位置检测器	
1828	调试 10000	各轴移动位置偏差极限
1829	200	各轴停止位置偏差极限

(续)

DL/DO 参数		
参数号（#位）	一般设定值	参 数 含 义
3002#4（IOV）	0	进给、快速移动倍率信号使用负逻辑
3003#0（ITL）	0：有效；1：无效	是否使用数控机床所有轴互锁信号。该参数需要根据PMC的设计进行设定
3003#2（ITX）	0：有效；1：无效	是否使用数控机床各个轴互锁信号
3003#3（DIT）	0：有效；1：无效	是否使用数控机床不同轴向的互锁信号
3004#5（DEC）	1	是否进行数控机床超程信号的检查，当出现506、507报警时可以设定
3030	1~8	数控机床M代码的允许位数。该参数表示M代码后面数字的位数，超出该设定出现报警
3031	1~5	数控机床S代码的允许位数。该参数表示S代码后数字的位数，超出该设定出现报警
3032	1~8	数控机床T代码的允许位数
显示和编辑相关参数		
3105#0（DPF）	1	实际进给速度显示
3105#1（PCF）	1	将PMC控制轴的移动加到实际速度显示
3105#2（DPS）	1	主轴速度和T代码显示
3106#4（OPH）	1	显示操作履历画面
3106#5（SOV）	1	主轴倍率值显示
3108#4（WCI）	1	在工件坐标系画面上，计数器输入无效
3108#6（SLM）	1	显示数控机床主轴负载表
3108#7（JSP）	1	实际手动速度显示
3111#0（SVS）	1	显示数控机床用来显示伺服设定画面软件
3111#1（SPS）	1	显示数控机床用来显示主轴设定画面软件
3111#2（SVP）	1	主轴调整画面的主轴同步误差
3112#2（OMII）	1	显示数控机床外部操作履历画面
3281	4	中文显示
模拟主轴参数控制		
3701#1（ISI）	1	是否使用串行主轴
3708#0（SAR）	1：检测	检测主轴速度到达信号
3137		各主轴的主轴放大器号设定为1
3720		位置编码器的脉冲数
3730		主轴速度模拟输出的增益调整，调试时设定为1000
3735		主轴电动机最低钳制速度
3736	钳制速度/最大值×4095	主轴电动机最高钳制速度
3741-3744		主轴电动机一档到四档的最大速度
3772		主轴的上限转速
8133#5		是否使用主轴串行输出

（续）

基本功能参数		
参数号（#位）	一般设定值	参数含义
8130	2~4	CNC控制轴数
8131#0（HPG）	使用手轮	使用手轮
7100#1（JHD）	0：互锁	JOG方式与手轮进给方式互锁
	1：不互锁	

数控系统设置参数时要注意单位系（如图2-26所示）的统一与匹配。

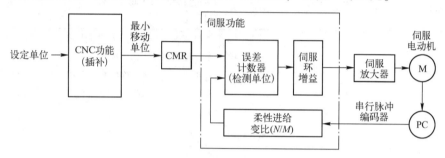

图2-26　数控系统单位系

设定单位：由加工程序指令的单位。

最小移动单位：由CNC输出到伺服装置的指令的单位，指CNC发出的一个指令脉冲，机械所移动的距离。

检测单位：也称为伺服分辨率（相当于误差计数1个脉冲的移动量），检测元件反馈一个脉冲所表示的机械移动距离。

CMR：最小移动单位和检测单位不同时使用的系数。

柔性进给变比：FANUC电动机一转机械移动所反馈的脉冲数与编码器一转反馈的脉冲数的比值。

参考计数器容量：指FANUC电动机一转机械移动所反馈的脉冲数。

 工作任务报告

1. 在数控机床上，把某一轴当回转轴使用时，请查阅资料设定表2-8所列参数。

表2-8　设定参数

参数号	#7	#6	#5	#4	#3	#2	#1	#0
1006							ROS	ROT
1008							RAB	ROA
1260								

2. 在数控机床上记录表2-9所列参数的值，并理解参数当前设定值的含义。

3. 更改数控系统参数设置以显示伺服调整画面、主轴监控画面和操作监控画面。

4. 设置数控系统参数，并将X、Z轴进行互换，使工作台能够正常运行。

1）将轴参数中的伺服单元X部件号改为2，Z轴改为0。

表 2-9　参数当前设定值的含义

参 数 号	参 数 含 义	参数值	参 数 号	参 数 含 义	参数值
1020	轴名称		1022	轴属性	
1023	轴顺序		8130	CNC 控制轴数	
1320	正软限位		1321	负软限位	
1410	空运行速度		1420	各轴快移速度	
1423	各轴手动速度		1424	各轴手动快移速度	
1425	各轴回参速度		1430	最大切削进给速度	
3003#0	互锁信号		3003#2	各轴互锁信号	
3003#3	各轴方向互锁		3004#5	超程信号	
3716	主轴电动机种类		3717	主轴放大器号	
3720	位置编码器脉冲数		3730	模拟输出增益	
3735	主轴电动机最低钳制速度		3736	主轴电动机最高钳制速度	
3741/2/3	电动机最大值/减速比		3772	主轴上限转速	
8133#5	是否使用主轴串行输出		4133	主轴电动机代码	

2）将硬件配置参数中的部件 0 的标志改为 45，配置 0 改为 48。

3）将硬件配置参数中的部件 2 的标志改为 46，配置 0 改为 2。

4）关机，将 X、Z 两指令对调。

5）重新启动系统，检查是否正常运行。

5. 数控系统参数配置练习。

1）按 4 个伺服轴和 1 个主轴配置数控系统。

2）第 4 个伺服轴为旋转轴配置。

3）4 个伺服轴不用回参考点就可以自动运行。

4）X、Y、Z 轴的栅格均为 8000。

5）伺服电动机的代码是 177。

6）主轴电动机的代码是 310。

任务 2.4　FANUC 0*i* Mate - D 数控系统报警和电源故障

任务目的　1. 描述数控系统报警的分类、诊断思路。
　　　　　　2. 描述数控系统电源接通与切断的工作顺序。

实验设备　FANUC 0*i* Mate-D 系统数控铣床实训台。

实验项目　1. 通过数控系统报警，定位故障范围，掌握故障诊断步骤。
　　　　　　2. 掌握排除数控系统接通故障诊断。

 工作过程知识

2.4.1　FANUC 0*i* Mate-D 数控系统报警故障分类

（1）程序（PS）报警

在程序的编辑、输入、存储、执行过程中出现的报警，这些报警大多数是因为输入错误的地址、数据格式或不正确的操作方法等所造成的，根据具体报警代码，纠正操作方法或修改加工程序就可使其恢复。

（2）绝对脉冲编码器（APC）报警

用于检测绝对脉冲编码器的通信和参数保存的故障。由于采用电池保存编码器的数据，错误的电池更换步骤或其他原因造成数据丢失，都会导致报警。

（3）伺服（SV）报警

其主要包括伺服系统过热、低电压、误差过大等相关报警。

（4）SW 报警

参数写入状态下的报警。

（5）超程报警

通过一定的方法将机床的超程轴移出超程区即可。

（6）主轴（SP）报警

与主轴相关的报警，包括刚性攻螺纹、主轴超差、编码器溢出、通信错误等故障。

（7）过热（OH）报警

其主要包括 CNC 风扇、过热报警等。

（8）PMC 程序运行报警

机床厂家在编制机床的顺序程序时，对机床外部动作可能处于的错误工作状态进行的检测，编制报警表。维修这类故障时请参考机床厂家的说明书和梯形图。

2.4.2 典型系统报警故障诊断与维修

1. PW0000 报警

故障原因：设定了重要参数（如伺服参数），系统进入保护状态，需要系统重新启动，装载新参数。

恢复方法：在确认修改内容后，切断电源，再重新启动即可。

2. SW0100 报警

故障原因：修改系统参数时，将写保护设置为 PWE＝1 后，系统发出该警报。

恢复方法：

1）发出该警报后，可照常调用参数页面，修改参数；

2）修改参数进行确认后，将写保护设置为 PWE＝0；

3）按"RESET"键将报警复位，如果修改了重要的参数，需重新启动系统。

3. PS0090 报警：未完成返回参考点

故障原因：

1）返回参考点不能正常进行，一般是因为返回参考点的起点离参考点太近或速度太低。若使起点离参考点足够远，或为返回参考点设定足够快的速度后，再执行返回参考点操作即可；

2）在原点的状态下，试图执行基于返回参考点的绝对位置的检测器的原点设定无法建立。手动运行电动机，使其旋转一周以上，暂时断开 CNC 和伺服放大器的电源，然后再进行绝对位置检测器的原点设定。

恢复方法：

1）正确执行回零动作，手动将机床向回零的反方向移动一定距离，这个位置要求在减速区以外，再执行回零动作。

2）如果以上操作后仍有报警，检查回零减速信号，检查回零挡块、回零开关及相关联的信号电路是否正常。

3）机床的回零参数在机床生产厂家已经设置完成，可检查回零时位置偏差是否大于128，若大于128则进行第4）步；若低于128，可根据参数清单检查参数 No.1420（快移速度）和 No.1424（手动快移速度）是否有变化。做适当调整，使回零时的位置偏差大于或等于128即可。

4）如果位置偏差大于128，则检查脉冲编码器的电压是否大于4.75 V，如果电压过低，则更换电源；若电压正常时仍有报警，需检查脉冲编码器和轴卡。

4. DS0300 报警：返回参考点请求

故障原因：串行脉冲发生器内的机床绝对位置数据丢失。一般在更换串行脉冲发生器时，或拆卸串行脉冲发生器的位置返回信号线时发生。

恢复方法：

1）有减速挡块的情形：只有发生了报警的轴才执行手动返回参考点操作。在发生了其他报警而无法执行手动返回参考点操作的情况下，需要在解除其他报警后，执行手动返回参考点操作。在返回参考点操作结束后，按"RESET"键解除报警。

2）没有减速挡块的情形：进行无挡块参考点设定，并存储参考点。

2.4.3 数控系统电源的接通与切断控制

数控系统控制电源不能正常接通是数控机床维修过程中最经常遇到的故障之一，维修时必须从数控机床电源回路的工作原理入手。

FANUC 0*i* Mate-D 数控系统的供电原理如图 2-27 所示，采用从外部输入 DC 24 V 电源为供电电源。

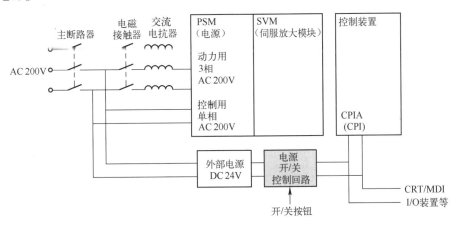

图 2-27　数控系统的供电原理图

数控系统和其他装置电源接通的顺序建议如下。

1）机床的电源（AC 200 V）。

2）CNC 控制单元的电源，显示器的电源（DC 24 V），I/O Link 连接的从属 I/O 设备，分离型检测器（光栅尺）的电源，分离型检测器接口单元（DC 24 V）。

3）伺服放大器的控制电源（AC 200 V）。

电源关断顺序如下。

1）CNC 控制单元断电（DC 24 V），显示单元断电（电源为 DC 24 V），I/O Link 连接的从属 I/O 单元断电，分离型检测器接口单元断电（DC 24 V）。

2）伺服放大器控制电源（AC 200 V）和分离型检测器（直线光栅尺）电源断电。

3）机床的电源（AC 200 V）断电。

2.4.4 数控系统电源的故障表现及原因

数控系统背面的系统板上设有以太网状态、低压警告灯、LED 警告灯和 ALM 警告灯（如图 2-28 所示）。通常，数控系统电源故障的表现及原因如下。

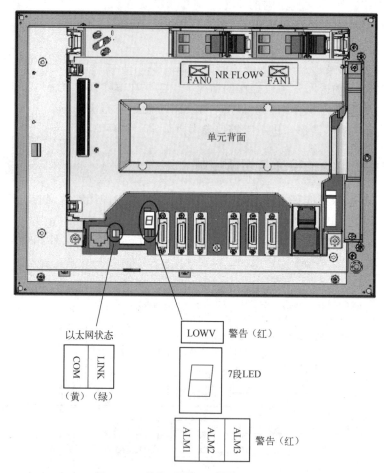

图 2-28 数控系统 ALM 警告灯设置图

（1）ALM 警告指示灯不亮

此状态下系统未通电，可能的原因如下。

1）CNC 电源未加入，因而接通电源的条件未满足。应根据机床生产厂家的电气原理图，检查机床中与 CNC 电源输入 24 V 有关的回路，检查电源是否断相、输入电压是否低、线路接触是否不良、熔断器是否烧断等。

2）电气柜门"互锁"触点闭合。

3）输入单元元器件损坏，包括主接触器、按钮、开关电源等。

（2）ALM 警告指示灯亮

这表明系统的控制电源回路或外部存在报警，可能的原因如下。

1）电源模块的 24 V 电源故障。

2）CP1 的连接回路错误。

相对应的警告状态见表 2-10 和表 2-11。

表 2-10　ALM 指示灯警告信息

No.	警告 ALM 1、2、3	含　义
1	□ ■ □	电池电压下降，可能是因为电池寿命已尽
2	■ ■ □	软件检测出错误而使得系统停止运行
3	□ □ ■	硬件检测出系统内故障
4	■ □ ■	轴卡上发生了报警 可能是由于轴卡不良、伺服放大器不良、FSSB 断线等原因所致
5	□ ■ ■	FROM/SRAM 模块上的 SRAM 的数据中检测出错误 可能是由于 FROM/SRAM 模块不良、电池电压下降、主板不良所致
6	■ ■ ■	电源异常 可能是由于噪声的影响或电源单元不良所致

注：■：点亮；□：熄灭。

表 2-11　LOWV 警告灯

LED	含　义
LOWV	可能是由于主板不良所致

工作任务报告

1. 画出数控机床的供电电路图、急停电路和制动电路。

2. 根据数控系统接通/切断工作原理排查数控机床的系统电源故障。

3. 通过数控系统屏幕的系统报警故障，诊断故障原因，检查、排除故障。

项目 ③

进给伺服系统的调试与维修

学习目的

FANUC 进给伺服系统与 FANUC 数控系统一样，是数控机床中使用最广泛的进给伺服驱动系统之一。虽然由于伺服系统生产厂家的不同，伺服系统的故障诊断在具体做法上可能有所区别，但其基本检查方法与诊断原理却是一致的。诊断进给伺服系统的故障，一般可利用状态指示灯诊断法、数控系统报警显示诊断法、系统诊断信号检查法以及原理分析法等。

应用上述方法的前提就是要掌握 FANUC 交流进给伺服系统的连接，通过诊断参数进行检查，以确认故障发生的部位与原因、伺服系统的动作确认的操作步骤、数字伺服通过数控系统进行的初始化与动态性能调整以及常见的伺服系统故障。

任务 3.1　FANUC β*i* 系列伺服单元的连接

任务目的　1. 描述数控系统与进给伺服系统连接与端子功能。
　　　　　　2. 绘制数控进给伺服系统电气线路连接回路。
实验设备　FANUC 0*i* Mate-D 数控系统实训台。
实验项目　1. 连接 FANUC β*i* 系列伺服单元。
　　　　　　2. 设计数控进给伺服系统连接电路。

工作过程知识

3.1.1　数控机床进给伺服系统

数控机床的进给伺服系统属于位置控制伺服系统，数控系统与其他自动化设备最显著的区别，就是数控进给轴的"位置控制"和"插补"。数控机床工作台（包括转台）的进给采用伺服装置驱动，传动多数采用同步电动机与滚珠丝杠直接连接，这样的传动链短，运动损失小，反应迅速，可获得高精度。

全闭环数控系统的进给伺服控制系统有 3 个环节，如图 3-1 所示。其中，位置环为外环，位置环接收 CNC 位置移动指令，与系统实际位置反馈进行比较，从而精确控制机床定位；速度环为中环，速度控制单元接收位置环传入的速度控制指令，与速度环反馈进行比较后输入速度调节器进行伺服电动机的速度控制。在三环系统中，位置环的输出是速度环的输入；速度环的输出是电流环的输入；电流环的输出直接控制功率变换单元，这3个环的反馈信号都是负反馈。数控系统输出的位置和速度控制信号，经伺服电动机尾端角位移检测装置（脉冲编码器）进行速度检测，反馈给速度控制单元，经工作台直线位移检测装置（直线光栅尺）进行位置检测，反馈给位置控制单元。

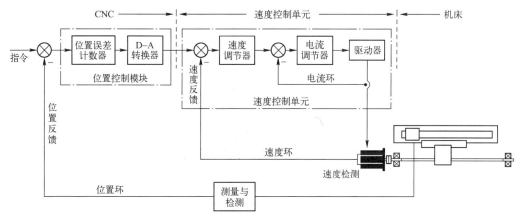

图 3-1 全闭环数控系统的进给伺服控制系统结构图

此外，对数控进给伺服系统的要求不只是静态特性，如停止时的定位精度、稳定度，更重要的是要求进给伺服刚性好、响应性快、运动的稳定性好、分辨率高，这样才能高速、高精度地加工出表面光滑的高质量工件。

3.1.2 FANUC βi 系列伺服系统构成

如图 3-2 所示，FANUC βi 系列伺服系统由以下组件构成：

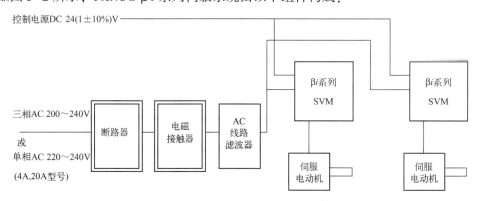

图 3-2 FANUC βi 系列伺服系统的构成

1）伺服放大器模块 SVM；

2）AC 线路滤波器；

3）连接电缆（FSSB）；

4）伺服电动机；

5）断路器和电磁接触器；

6）电源变压器。

3.1.3 FANUC β*i* 系列伺服单元的连接

如图 3-3 所示，FANUC β*i* 系列伺服单元的各个部分连接回路组成如下。

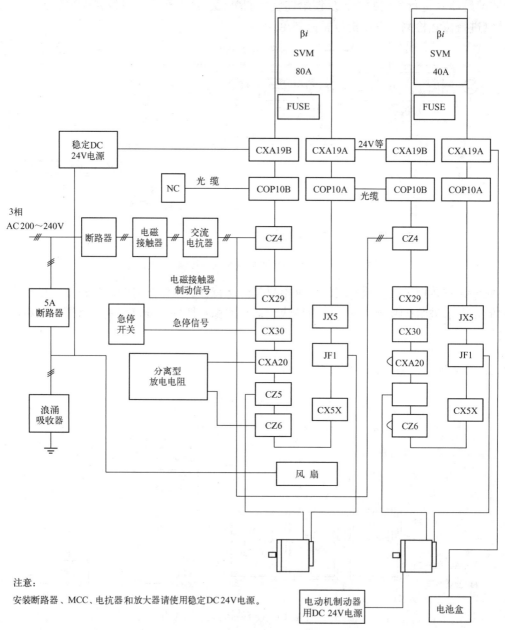

注意：
安装断路器、MCC、电抗器和放大器请使用稳定DC 24V电源。

图 3-3　FANUC β*i* 系列伺服单元综合连接图

（1）光缆数据总线

COP10A 和 COP10B 是 FANUC 的 FSSB 光缆总线通信接口，在硬件连接方面，遵循从 A 到 B 的规律，即 COP10A 为总线输出，COP10B 为总线输入，需要注意的是光缆在任何情况下不能硬拆，以免损坏。

（2）控制电源

CXA19A 和 CX19B 是 DC 24 V 电源接口，主要用于伺服控制电路的电源供电。在通电顺序中，推荐优先系统通电。DC 24 V 电源输入时，必须要注意电源正、负极。

（3）伺服单元通电回路

CZ4 回路主要用于为伺服放大器主电源供电。伺服放大器的主电源一般采用三相220 V的交流电源，通过交流接触器接入伺服放大器，交流接触器的线圈受到伺服放大器的 CX29 的控制。当 CX29 闭合时，交流接触器的线圈得电吸合，给伺服放大器通入主电源。

（4）伺服电动机动力电源连接

连接主要包含伺服主轴电动机与伺服进给电动机的动力电源连接，伺服主轴电动机的动力电源是采用接线端子的方式连接，伺服进给电动机的动力电源是采用接插件连接。在连接过程中，一定要注意相序的正确。

（5）伺服电动机反馈的连接

该连接主要包含伺服进给电动机的反馈连接，伺服进给电动机的反馈接口接 JF1 等接口。

（6）急停与 MCC（一个接插口的名称）连接

CX29 连接主要用于对伺服主电源的控制与伺服放大器的保护，如在发生报警、急停等情况下能够切断伺服放大器主电源。MCC 一般接急停继电器的常开触点；ESP 一般用于串接在伺服主电源接触器的线圈上，且交流接触器线圈电压不超过 AC 250 V，常规采用 110 V。当伺服系统和 CNC 没有故障时，CNC 向伺服放大器发出使能信号，伺服放大器内部继电器吸合，继电器触点 MCC 闭合。

（7）急停回路的连接

CX30 急停控制回路一般由两个部分构成：一个是 PMC 急停控制信号 X8.4；另一个是伺服放大器的 ESP 端子。这两个部分中任意一个断开就会出现报警，ESP 断开出现 SV401报警，X8.4 断开出现 ESP 报警。它们全部是通过一个器件来进行处理的，即急停继电器。

3.1.4　FANUC βi 系列伺服单元接口

FANUC βi 系列伺服单元 SVM 模块，如图 3-4 所示，由驱动装置和伺服电动机构成。

驱动装置：晶体管 PWM 控制的 βi 系列交流驱动单元。

伺服电动机：S、L、SP 和 T 系列永磁式三相交流同步电动机。

FANUC βi 系列伺服单元接口如图 3-5 所示，端子接口功能如下。

L1、L2、L3：主电源输入端接口，三相交流电源 200 V、50/60 Hz。

U、V、W：伺服电动机的动力线接口。

DCC、DCP：外接 DC 制动电阻接口。

CX29：主电源 MCC 控制信号接口。

CX30：急停信号（∗ESP）接口。

CXA20：DC 制动电阻过热信号接口。

CX19A：DC 24 V 控制电路电源输入接口，连接外部 24 V 稳压电源。

CX19B：DC 24 V 控制电路电源输出接口，连接下一个伺服单元的 CX19A。

COP10A：伺服高速串行总线（FSSB）接口，与下一个伺服单元的 COP10B 连接（光缆）。

COP10B：伺服高速串行总线（FSSB）接口，与 CNC 系统的 COP10A 连接（光缆）。

JX5：伺服检测板信号接口。

JF1：伺服电动机内装编码器信号接口。

CX5X：伺服电动机编码器为绝对编码器的电池接口。

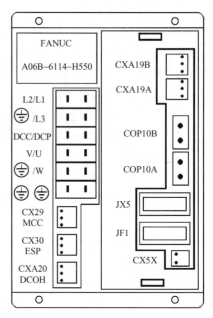

图 3-4　SVM 模块　　　　　　　　图 3-5　β*i* 系列伺服单元接口图

3.1.5　FANUC β*i* SVSP 系列伺服单元接口

FANUC β*i* SVSP 系列伺服单元模块是多伺服轴/主轴一体型交流伺服驱动装置，可实现 3 个进给轴+1 个伺服主轴，2 个进给轴+1 个伺服主轴的一体化控制，连接示意图如图 3-6 所示，其接口和接口功能，如图 3-7 和表 3-1 所示。

表 3-1　β*i* SVSP 伺服放大器各接口功能

序号	标注名称	功　能	序号	标注名称	功　能
1	状态 1	主轴状态指示灯	2	状态 2	伺服状态指示灯
3	CX3	主电源 MCC 控制信号接口	4	CX4	急停 ESP 信号接口
5	CXA2C	24 V 电源输入接口	6	COP10B	伺服 FSSB 光缆接口
7	CX5X	绝对式编码器内置电池接口	8	JF1	第 1 轴编码器接口
9	JF2	第 2 轴编码器接口	10	JF3	第 3 轴编码器接口
11	JX6	断电后备模块	12	JY1	负载表接口
13	JA7B	主轴串行信号输入接口	14	JY7A	主轴串行信号输出接口
15	JYA2	主轴传感器反馈信号（Mi/MZi）	16	JYA3	主轴位置编码器或外部一转信号接口
17	JYA4	独立的主轴位置编码器接口	18	TB3	直流动力电源测量点
19	V4	直流动力电源指示灯	20	TB1	主电源连接端子
21	CZ2L	第 1 个伺服电动机动力接口	22	CZ2M	第 2 个伺服电动机动力接口
23	CZ2N	第 3 个伺服电动机动力接口	24	TB2	主轴电动机动力接口
25	GND	信号线接地端子			

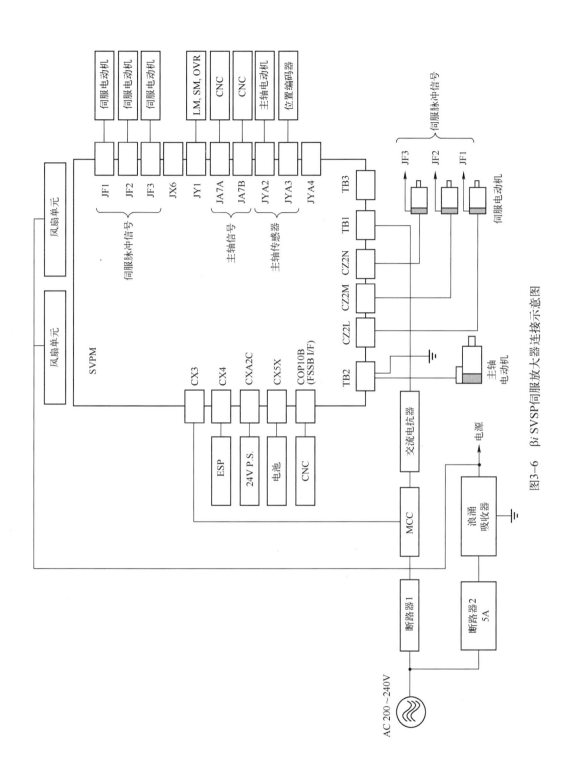

图3-6 β*i* SVSP伺服放大器连接示意图

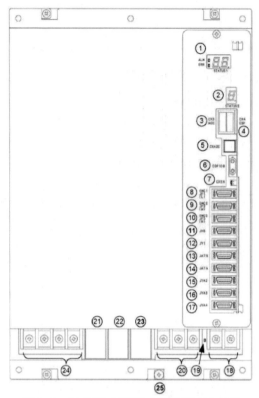

图 3-7　β*i* SVSP 伺服放大器各接口示意图

工作任务报告

1. 画出数控机床进给伺服系统的电气线路图。

2. 解释 FANUC 伺服单元 MCC 回路通电的电气线路时序。

3. 实训数控机床采用的是分离式检测器，还是内装式检测器？ JX5 接口与 JF1 接口的作用分别是什么？

4. 进行数控机床伺服驱动器的故障设置实验，并填写表 3-2。

表 3-2　数控机床伺服驱动器的故障设置实验

序号	故障设置方法	故障现象	结论
1	将伺服驱动器的强电电源中的三相取消任意一相，运行 Z 轴，观察系统及驱动器所发生的现象		
2	将伺服电动机的强电电源中的三相任意两相进行互换，运行 Z 轴，观察机床及驱动器所发生的现象		
3	将伺服驱动器的控制电源中的 24 V 断开，运行 Z 轴，观察系统及驱动器所发生的现象		
4	将两个伺服电动机的位置反馈线互相对接，观察系统及驱动器所发生的现象		
5	将伺服驱动器的编码器信号线人为地松动或断开，观察系统及驱动器所发生的现象		

5. 查阅数控机床上伺服驱动器的规格，填写表 3-3。

表 3-3 伺服驱动器的规格

性 能 指 标		型 号 规 格	
型号		例答：SVM1-80i	
通信接口		FSSB	
主电源供电（三相输入）	输入电压	AC 200~240 V，50/60 Hz	
	输入电流	19 A	
	额定功率	6.5 kV·A	
主电源供电（单相输入）	输入电压	—	
	输入电流	—	
	额定功率	—	
控制电源供电	输入电压	DC 24 V	
	输入电流	0.9 A	
额定输出电流		18.5 A	
最大输出电流		80 A	
控制方法		SPWM	
是否有 HRV 伺服控制		有	

任务 3.2 进给伺服系统初始化参数设定

任务目的　1. 认识进给伺服系统初始化参数设定过程。
　　　　　　2. 描述采样周期进给伺服系统控制流程。
　　　　　　3. 设定进给伺服系统初始化参数。
实验设备　FANUC 0i Mate-D 数控系统实训台。
实验项目　1. 设定进给伺服系统的初始化参数。
　　　　　　2. 进给伺服系统的初始化参数调试。

 工作过程知识

3.2.1 数控系统采样周期伺服系统控制流程

从数控系统的一个采样周期伺服控制图（如图 3-8 所示）可以看出，FANUC 进给伺服系统的工作流程如下。

移动指令 Mcmd 将指令送入位置控制环，经过脉冲分配器的输出指令脉冲，与反馈脉冲经过位置误差寄存器（诊断号 300）比较后将差值送入比较项（增益回路 Kp，参数 No.1825）输出速度指令 Vcmd 到速度环，再经过与速度反馈数据 TSA 的比较进入"误差放大器"，之后进行速度环积分控制（K1V/S）或速度环比例控制（K2V）处理，并与电动机转子位置信息 θ（格雷码 C1、C2、C4、C8）产生力矩指令（Tcmd）进入电流控制环节，最终进行脉宽调制处理，形成 PWMA-PWMF 脉宽调制信号，并经过 1/F 接口处理将其转换为串行光电信号，通过 COP10A 光缆将其送到伺服放大器上。图中，PCA、*PCA、PCB、*PCB 为基本脉冲信号，*PCA、*PCB 为 PCA 和 PCB 的"非"信号，一般 PCA 与 *PCA、PCB 与 *PCB 成对存在，其主要目的是通过双绞线传输，增强抗干扰性能。此外，正电平与非电平进入接口电路或非门进行断线报警的处理。PCA 与 PCB 相位相差 90°，其目的是作为鉴相，判断电动机正转或反转。而格雷码 C1、C2、C4、C8 作为电动机转子实时角度反馈，送入电流环。

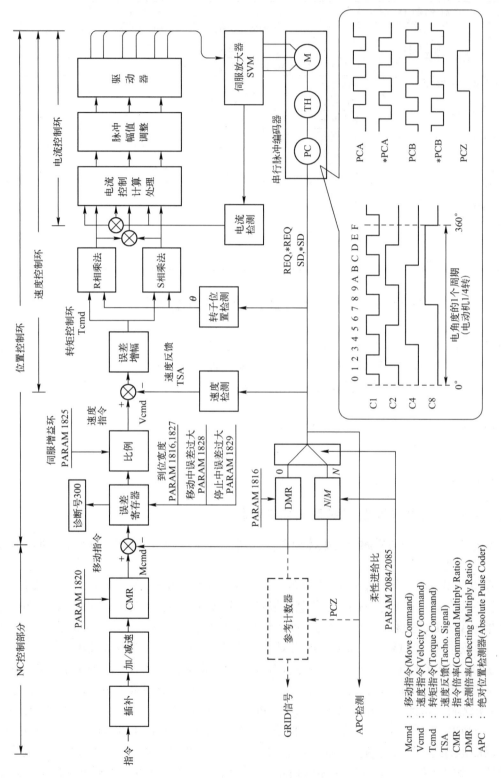

图 3-8　数控系统采样周期伺服控制图

Mcmd ： 移动指令(Move Command)
Vcmd ： 速度指令(Velocity Command)
Tcmd ： 转矩指令(Torque Command)
TSA ： 速度反馈(Tacho. Signal)
CMR ： 指令倍率(Command Multiply Ratio)
DMR ： 检测倍率(Detecting Multiply Ratio)
APC ： 绝对位置检测器(Absolute Pulse Coder)

数控系统将加工程序编制的移动指令经过位置控制、速度控制及电流控制产生的脉宽调制信号送到伺服放大器。在半闭环伺服系统中，位置和速度反馈来自于伺服电动机尾端的脉冲编码器；在全闭环伺服系统中，速度反馈由伺服电动机内置脉冲编码器传送到伺服放大器，伺服电动机的位置反馈也由脉冲编码器提供；丝杠的位置反馈由分离型位置检测器（如直线光栅尺或分离型脉冲编码器）提供。

3.2.2 进给伺服系统参数初始化设定

一个数控系统往往适用多种规格的伺服电动机，机床规格、伺服电动机的转矩和参数各不相同，伺服参数的设定就是为了匹配数控系统和具体的伺服电动机参数。

在进行进给伺服系统参数初始化设定之前，首先需要确定如下信息。

1）数控系统类型（如 0i Mate-D）。

2）伺服电动机型号名称（如 βi4/4000）。

3）电动机内置编码器种类（如 αiA1000）。

4）分离式检测器的有无（如无）。

5）电动机每转 1 圈的机床移动量（如 10 mm/圈）。

6）机床的检测单位（如 0.001 mm）。

7）NC 的指令单位（如 0.001 mm）。

进给伺服系统参数初始化设定流程如图 3-9 所示。

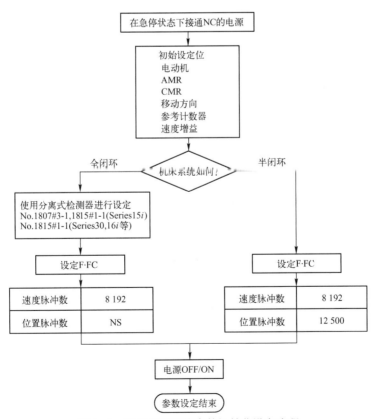

图 3-9 进给伺服系统参数初始化设定流程

3.2.3　进给伺服系统参数初始化设定步骤

1. 伺服设定

在急停状态下接通电源，设定参数 No.3111#0 = 1，显示伺服设定画面，如图 3-10 所示。

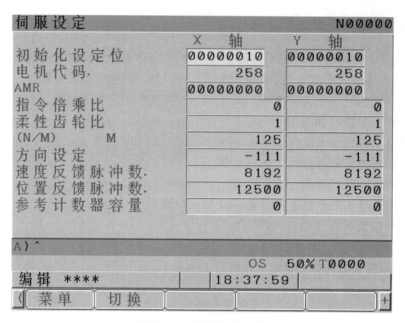

图 3-10　伺服设定画面

此伺服设定画面与相关数控系统参数对照表如图 3-11 所示。

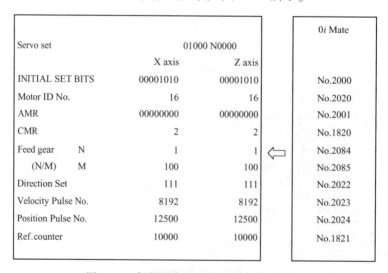

图 3-11　伺服设定画面与相关参数对照表

2. 电动机号设定（No.2020）

读取伺服电动机标签上电动机规格号（A06B-xxxx-Byyy）中间的 4 位数字（xxxx）和

电动机型号名，再从表 3-4 中获得电动机号。如电动机 A06B-0123-B07x，型号为 a3/3000，a 系列。

表 3-4 电动机号

电动机型号	驱动放大器	电动机号		90DO 90E0	90B0	90B5 90B6	90B1	9096
		HRV1	HRV2					
β iS 0.2/5000	4A	—	260	A	N	A	A	*
β iS 0.3/5000	4A	—	261	A	N	A	A	*
β iS 0.4/5000	20A	—	280	A	N	A	A	*
β iS 0.5/6000	20A	181	281	G	—	B	B	—
β iS 1/6000	20A	182	282	G	—	B	B	—
β iS 2/4000	20A	153	253	B	V	A	A	F
	40A	154	254	B	V	A	A	F
β iS 4/4000	20A	156	256	B	V	A	A	F
	40A	157	257	B	V	A	A	F
β iS 8/3000	20A	158	258	B	V	A	A	F
	40A	159	259	B	V	A	A	F
β iS 12/2000	20A	169	269	—	—	D	—	—
β iS 12/3000	40A	172	272	B	V	A	A	F
β iS 22/2000	40A	174	274	B	V	A	A	F

3. 设定 AMR（电枢倍增比）

设定 AMR 为"00000000"。

4. 设定 CMR（指令倍乘比）

如图 3-12 所示设定 CMR。CMR 决定由 CNC 输入伺服的移动量的指令倍率。

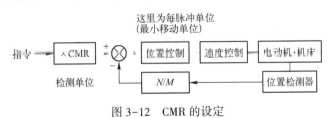

图 3-12 CMR 的设定

进给伺服系统位置控制是指令与反馈不断比较运算的结果，但实际移动距离是电动机轴与滚珠丝杠综合运动的结果。那么当指令为 10 mm 时，电动机需转多少圈才能够让工作台移动 10 mm 呢？这取决于丝杠螺距和电动机反馈脉冲数等关键参数，若滚珠丝杠螺距为 10 mm，那么电动机旋转一圈工作台即可移动 10 mm，应如何保证反馈的脉冲数也正好与 CNC 发出的指令脉冲数吻合呢？FANUC 伺服的解决方案就是引入一个当量概念："指令当量=反馈当量"，即发出的脉冲数应和反馈的脉冲数相匹配。CMR（指令倍乘比）就是用来调整指令当量和反馈当量的参数，通俗地讲，它是一个凑数的过程，就是想方设法在指令与反馈脉冲数之间建立一个合理的关系。CMR（倍率）的通常设定值按表 3-5 的条件计算，通常，CMR 值（No.1820）一般设为 2。

$$\text{CMR（倍率）} = \frac{\text{指令单位（NC）}}{\text{检测单位（伺服）}}$$

表 3-5　CMR 的通常设定值

CMR 从 1/2 到 1/27 时	CMR 从 1 到 48 时
设定值 $= \dfrac{1}{\text{CMR（倍率）}} + 100$	设定值 $= 2 \times \text{CMR（倍率）}$

例：设 NC 侧发出 1 个脉冲指令，机床移动 1 μm 时的最小移动单位是 1 μm/脉冲，伺服的检测单位则为 0.001 mm/脉冲，则 CMR 为 2（×1）= 2。

5. 设定柔性进给比 N/M（又称为电子齿轮比、柔性齿轮比或 F·FC），见表 3-6

通过电动机每转的移动量和柔性进给变比的设定，确定机床的检测单位。当机床响应指令脉冲正确移动时，为了使位置反馈脉冲数与指令脉冲数相同而设定的检测比。

使用半闭环伺服系统时：

$$\frac{\text{外部脉冲当量分子（N）}}{\text{外部脉冲当量分母（M）}} = \frac{\text{电动机每转一圈机床移动距离或角度所对应的内部脉冲当量}}{10000}\text{（数字伺服和 11 型伺服）}$$

或 $\dfrac{\text{电动机每转一圈机床移动距离或角度所对应的内部脉冲当量}}{\text{电动机每转一圈反馈到数控装置的脉冲数}}$（模拟伺服）

或 $\dfrac{\text{电动机每转一圈机床移动距离或角度所对应的内部脉冲当量}}{\text{数控装置所发脉冲数}}$（脉冲伺服或步进单元）

说明：两者的商为坐标轴的实际脉冲当量，即每个位置单位所对应的实际坐标轴移动的距离或旋转的角度，也叫柔性进给比。移动轴外部脉冲当量分子的单位为 μm；旋转轴外部脉冲当量分子的单位为 0.001°；外部脉冲当量分母无单位。通过设置外部当量分子和外部脉冲分母，可改变柔性进给比，也可通过改变柔性进给比的符号，达到改变电动机旋转方向的目的。常见柔性进给比的设定值见表 3-6。

表 3-6　常见柔性进给比的设定值

检测单位	滚珠丝杠的导程					
	6 mm	8 mm	10 mm	12 mm	16 mm	20 mm
1 μm	6/1000	8/1000	10/1000	12/1000	16/1000	20/1000
0.5 μm	12/1000	16/1000	20/1000	24/1000	32/1000	40/1000
0.1 μm	60/1000	80/1000	100/1000	120/1000	160/1000	200/1000

半闭环举例 1。

直接连接螺距 5 mm 的滚珠丝杠，检测单位为 1 μm 时，电动机每转动一圈（5 mm）所需的脉冲数为 5/0.001 = 5000，此时假设减速比为 1。

电动机每转一圈就从脉冲编码器返回 1 000 000 脉冲时

$$\text{F·FC} = 5000/1000000 = 1/200$$

半闭环举例 2。

对于旋转轴，机械有 1/10 的减速齿轮和设定为 1000° 的检测单位，则电动机每转一圈，工作台旋转（360/10）° 的移动量。对工作台而言，每 1° 所需脉冲为 1000 位置脉冲。则电动机一转所需移动量为

$$F \cdot FC = 36000/1000000 = 36/1000$$

6. 设定电动机转动方向

设定给出正方向指令时的电动机转向，如图 3-13 所示。设定值是对着电动机轴一侧看电动机的旋转方向，当设定值为 111 时，逆时针旋转；当设定值为-111 时，顺时针旋转。

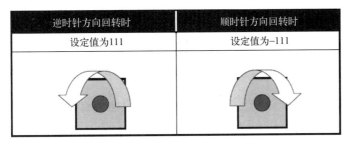

逆时针方向回转时	顺时针方向回转时
设定值为111	设定值为-111

图 3-13　机床正方向移动方向设定

7. 设定速度反馈脉冲数、位置反馈脉冲数

设定电动机每转的速度反馈脉冲数和位置反馈脉冲数，它们在半闭环时的设定值见表 3-7。

表 3-7　半闭环时的设定值

设 定 项 目	最小设定单位
	$1\,\mu m/0.1\,\mu m$
初始设定位 #0	0
速度反馈脉冲数	8192
位置反馈脉冲数	12500

8. 设定参考计数器的容量

使用栅格信号回参考点（回原点）及使用无挡块回参考点设定参数时，为了以电动机每转为一次的比例生成栅格信号，需要设定参考计数器的容量（计数器的最大值＝电动机转一转）。根据参考计数器的容量，每隔该容量，脉冲数就溢出产生一个栅格脉冲，栅格（电气栅格）脉冲与光电编码器中的一转信号（物理栅格）通过 No.1850 参数偏移后，作为回零的基准栅格，调试时默认为 3000。

参考计数器＝伺服电动机每转一圈所需的位置脉冲或其整数分之一（电动机的一转脉冲）。需要注意的是，参考计数器的设定主要用于栅格方式回原点，由于零点基准脉冲是由栅格指定的，而栅格又是由参考计数器容量决定的，因此，当参考计数器容量设定错误时，会导致栅格信号每次回零的位置不一致，也即回零点不准。

表 3-8 为设定的具体实例。当电动机每转移动 12 mm、检测单位为 1/1000 mm 时，设定为 12000。需要注意的是，在车床上，指定直径轴的检测单位为 5/10000 mm 时，在本例中设定值将变为 24000。

9. 完成初始化

关闭 NC 电源，并再次接通，则伺服参数自动设定。观察伺服设定参数页第一页的第一项机床初始化位，初始化时设定为 0，当设定完成后已变为 1。

表 3-8　设定的具体实例

丝杠螺距 栅格间隔	检 测 单 位	所需的位置脉冲数	参考计数器容量	栅 格 宽 度
10 mm/转	0.001 mm	10000 脉冲/转	10000	10 mm
20 mm/转	0.001 mm	20000 脉冲/转	20000	20 mm
30 mm/转	0.001 mm	30000 脉冲/转	30000	30 mm

 工作任务报告

1. 完成机床某一伺服轴的设定，并填写表 3-9。设电动机每转移动 12 mm，设定单位为 1/1000 mm。

表 3-9　机床某一伺服轴设定

项　　目	加工中心	车　床		备　　注
		X 轴	Z 轴	
直径/半径指定		直径	半径	No. 1006#3
初始设定位				
电动机号	—	—	—	根据电动机号
AMR				
CMR				倍率为 1
柔性进给比 N				
柔性进给比 M				
回转方向				
速度脉冲数				半闭环、1/1000 mm 时
位置脉冲数				
参考计数器				电动机每转脉冲数

2. 伺服出现 417 报警，分析可能出现的原因及排除的方法。检查试验台，排除故障。

417 报警的含义是伺服参数没有正确地初始化。此时，系统的诊断画面显示为 280 号，需再次进行初始设定的操作以排除故障。当第 n 轴处在下列状况之一时发生此报警。

1）参数 No. 2020 设定在特定限制范围以外。

2）参数 No. 2022 没有设定正确值。

3）参数 No. 2023 设定了非法数据。

4）参数 No. 2024 设定了非法数据。

5）参数 No. 2084 和参数 No. 2085（柔性进给比）没有设定。

6）参数 No. 1023 设定了超出范围的值或是设定了范围内不连续的值，或设定隔离的值。

7）PMC 轴控制中，转矩控制参数设定不正确。

任务3.3　进给伺服系统调整与优化设置

任务目的　1. 设定进给伺服系统相关的调整参数。

　　　　　　　2. 验证位置控制参数（进给伺服系统）设置对数控机床运行的影响。

实验设备　FANUC 0i Mate-D 数控系统实训台。

实验项目　1. 设定进给伺服系统调整参数。

　　　　　　　2. 验证进给速度和位置增益对跟随误差的影响。

 工作过程知识

3.3.1　进给伺服系统参数调整画面

在数控系统工作的过程中，需要调整很多参数来满足用户的使用要求，如：位置增益、伺服响应时间是否满足机床使用需要，机床运行是否出现爬行、振动，每一根进给轴的跟随误差、丝杠间隙是否得到相应的补偿。一般用户都忽略 FANUC 数控系统提供的进给伺服系统调整画面，如图 3-14 所示，其实这方面的调整对机床的性能也很重要，必须根据实际机床的状况仔细调整。进入调整画面的步骤为：按下"SYSTEM"→"SV-PRM"→"SV-TUN"。

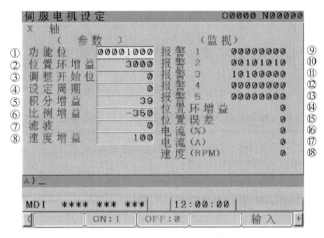

图 3-14　伺服系统调整画面

画面中各项目对应的内容说明见表 3-10。

表 3-10　画面中各项目对应的内容说明

① 功能位	PARAM 2003 的内容
② 位置环增益	位置环增益（PARAM 1825 的值）：机床进行直线与圆弧等插补（切削加工）时，应将所有轴设定相同的值；机床只做定位时，各轴可设定不同的值。环路增益越大，则位置控制的响应越快，但如果太大，伺服系统将不稳定。位置偏差量（误差寄存器内累积的脉冲量）和进给速度的关系如下：$$位置偏差量 = \frac{进给速度}{环路增益 \times 60}$$单位：位置偏差量 mm、in 或°；进给速度 mm/min、in/min 或°/min；环路增益 s^{-1}

（续）

③ 调整开始位	未使用（在旧伺服自动调整功能中使用的位）
④ 设定周期	未使用（在旧伺服自动调整功能中使用的位）
⑤ 积分增益	速度环的增益 PK1V（PARAM 2043 的值）
⑥ 比例增益	速度环的增益 PK2V（PARAM 2044 的值）
⑦ 滤波	转矩指令滤波器（PARAM 2067 的值）
⑧ 速度增益	整个速度环的增益与负载惯量比（PARAM 2021）的关系如下： $$设定值 = \frac{PRM2021+256}{256} \times 100$$ PRM2021 是负载惯量比的设定值。无负载时（电动机本身）为 100；具有与电动机惯量相同的负载时，设定为 200
⑨ 报警 1	诊断号 200 的内容（报警信息 1）
⑩ 报警 2	诊断号 201 的内容（报警信息 2）
⑪ 报警 3	诊断号 202 的内容（报警信息 3）
⑫ 报警 4	诊断号 203 的内容（报警信息 4）
⑬ 报警 5	诊断号 204 的内容（报警信息 5）
⑭ 位置环增益	显示由实际位置偏差量反算的实际位置环增益
⑮ 位置误差	显示实际位置偏差量（诊断号 300）
⑯ 电流（%）	用相对于电动机额定值的百分值显示电流值
⑰ 电流（A）	以峰值表示实际电流
⑱ 速度（RPM）	显示电动机的实际转速

3.3.2　FANUC 0*i* Mate-D 数控系统常用伺服系统调整参数

FANUC 0*i* Mate-D 数控系统中与伺服调整相关的参数见表 3-11。

表 3-11　FANUC 0*i* Mate-D 数控系统中与伺服调整相关的参数

参数号	符号	含　义
1815	#1 OPT	位置检测器是否用绝对脉冲编码器
1815	#5 APC	是否使用分离型脉冲编码器或直线尺
1825		各轴的伺服环增益
1826		各轴到位宽度
1827		各轴切削进给的到位宽度
1828		各轴移动中的最大允许位置偏差量
1829		各轴停止中的最大允许位置偏差量
1830		各轴关断时允许的最大位置偏差
1851		各轴反向间隙补偿量
1620		每个轴的快速移动直线加/减速的时间常数 T 每个轴的快速移动铃形加/减速的时间常数（T1）
1621		每个轴的快速移动钟形加/减速时间常数
1622		各轴加/减速时间常数
1624		每轴的手动连续进给指数函数形加/减速时间常数
1625		每轴的手动连续进给指数形加/减速 FL 速度

3.3.3 FANUC 0*i* Mate-D 数控系统与误差相关的伺服参数

FANUC 0*i* Mate-D 数控系统中有几个参数与伺服误差报警相关。当伺服轴误差过大时会出现 411、421 报警，以及 410、420 报警。所谓的误差过大，是与下面的参数相关的，通常是大于下面的参数限定值时，系统立刻停止运行（MCC 信号 OFF）。

（1）参数 No. 1826

该参数为各轴的到位宽度，如图 3-15 所示。当机床位置与指令位置的差（位置偏差量的绝对值，诊断号 300 的值）比到位宽度小时，机床即认为到位（机床处于到位状态）。

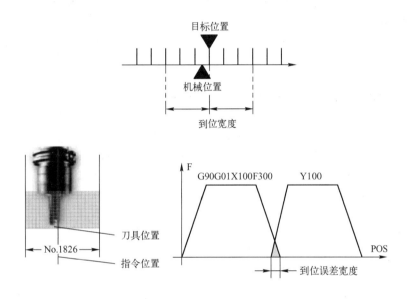

图 3-15 到位宽度示意图

（2）参数 No. 1827

该参数为各轴切削进给的到位宽度，如图 3-16 所示，在参数 No. 1801#4（CCI）为 1 时有效。当机床执行 G01/G02/G03 等切削指令时，它为指令位置与刀具位置（反馈位置）的差值。

（3）参数 No. 1828

该参数设定各轴移动时位置偏差量的临界值（即最大允许位置），如图 3-17 所示。当移动中位置偏差量超过最大允许位置偏差量时，机床会出现伺服报警并立刻停止运行（和

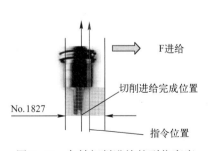

图 3-16 各轴切削进给的到位宽度

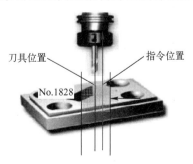

图 3-17 设定各轴移动时位置偏差量的临界值

急停相同），通过伺服诊断画面可以观察到此实际偏差值（位于画面右侧 POS ERROR 后面，单位为 mm）。

（4）参数 No. 1829

该参数设定各轴停止中的最大允许位置偏差量。当停止中位置偏差量超过最大允许位置偏差量时，机床会出现伺服报警并立刻停止运行（和急停相同）。

（5）参数 No. 1830

该参数用于设定各轴伺服关断时的位置偏差量极限值。当伺服关断时的位置偏差量超过位置偏差量的极限值时，机床会出现伺服报警（参数 No. 410）并立刻停止运行（和急停相同）。通常与停止时的位置偏差量极限值（参数 No. 1829）的设定值相同。

（6）参数 No. 1851

该参数为各轴反向间隙补偿量。接通电源后，机床以与返回参考点相反的方向运动时，进行第一次反向间隙补偿。

3.3.4 进给伺服系统快速进给钟形加/减速控制

进给伺服系统的加/减速控制是伺服响应指数调整的重要手段。FANUC 数控系统提供快速进给钟形加/减速方式优化伺服系统，按图 3-18 所示进行加速和减速控制。因为加速度是呈直线变化，所以加速前后速度变化平缓，因而可减小机床的振动，而且，与前馈功能结合也可缩短定位时间。

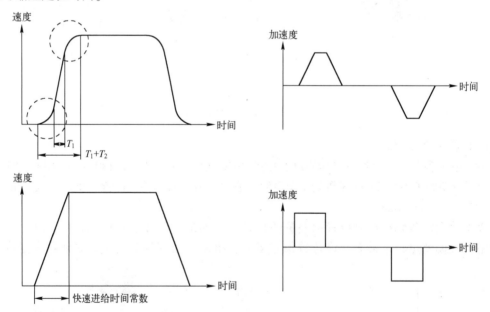

图 3-18 快速钟形加/减速控制

与快速钟形加/减速控制相关的参数如下。

1）参数 No. 1620：每个轴的快速移动直线加/减速的时间常数 T_1。其设定如图 3-19 所示。

2）参数 No. 1621：每个轴快速移动的钟形加/减速时间常数 T_2。其设定如图 3-20 所示。

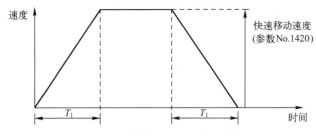

图 3-19　参数 No. 1620 的设定值

T_1：参数 No. 1620 的设定值。

T_2：参数 No. 1621 的设定值（设定时应注意 $T_1 \geqslant T_2$）。

总加速（减速）时间：$T_1 + T_2$。

直线部分的时间：$T_1 - T_2$。

曲线部分的时间：$T_2 \times 2$。

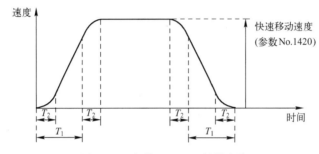

图 3-20　参数 No. 1621 的设定值

3）参数 No. 1622：每个轴的切削进给加/减速时间常数。此参数为每个轴设定切削进给的指数函数形加/减速、插补后钟形加/减速或插补后直线加/减速时间常数。用参数 CTLx、CTBx（No. 1610#0，#1）来选择使用哪个类型。此参数除了特殊用途外，必须为所有轴设定相同的时间常数。若设定不同的时间常数，则可能得到错误的直线或圆弧形状。

3.3.5　手动进给的加/减速时间控制

在手动进给中施加指数函数形的加/减速控制，如图 3-21 所示，控制参数如下。

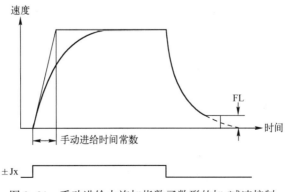

图 3-21　手动进给中施加指数函数形的加/减速控制

1）参数 No.1624：设定手动进给的加/减速时间常数。

2）参数 No.1625：松开手动进给按钮时，按设定的 FL 速度，保证机床能很快停止。

警告：不允许修改与本次实验无关的机床参数！

 工作任务报告

1. 在表 3-12 中记录实训数控机床上各轴伺服设定值及其含义（SERVO SETTING）。

表 3-12　数控机床上各轴伺服设定值与含义

参数号	意义及设定单位	设　定　值			
		X	Y	Z	全轴通用
No.					

2. 调节伺服轴参数：快速移动加/减速时间常数、加工加/减速时间常数及钟形时间常数。

1）当轴无载荷时，观察各个轴的运行变化。

2）将系统显示切换至跟随误差显示栏画面，观察在同一运行频率下，系统跟随误差的大小变化并填入表 3-13 中。

表 3-13　同一运行频率下系统跟随误差的大小变化

快移/加工加/减速时间常数	快移/加工加/减速钟形时间常数	进给速度 F/(m/min)	跟随误差/(mm/min)
256	128	1	
128	64	1	
64	32	1	
32	16	1	
16	16	1	
8	8	1	
8	4	1	
4	4	1	

3. 验证进给速度和位置增益对跟随误差的影响。

1）在 MDI 方式下编程，如 G01 X40 F100；或在 EDIT 方式下编写下列程序：

```
O0050；
G00 G54 G90 X0 Y0;将实验笔回到工作台面中心
M10;下刀
G01 X40 F100;直线插补
M11;抬刀
M30;程序结束
```

2）切换至 SERVO MOTOR TUNING（伺服调整）画面：按下"SYSTEM"→"SV.TUN"软键。

3）按"循环启动"按钮（倍率100%），查看 LOOP GAIN（位置增益）、位置误差（POS. ERROR）、SPEED（速度RPM）的实际值。伺服误差也可通过诊断号（诊断号300）查看。

4）更改不同的进给速度和不同的位置增益，重复以上1）~3）步骤。

5）在表3-14中填写观察结果。根据实验结果，填写表3-14，附实验轨迹图，并对实验结果进行分析。

表3-14 实验结果

CNC 程序指令	进给速度 F/（mm/min）				位置增益 K_v/$0.01\,s^{-1}$				跟随误差 E/μm			
	X轴		Y轴		X轴		Y轴		X轴		Y轴	
	给定值	诊断值	给定值	诊断值	设置值	诊断值	设置值	诊断值	理论值	诊断值	理论值	诊断值
① G01 X40 F100					2000							
② G01 X40 F100					3000							
③ G01 X40 F100					5000							
④ G01 X40 F200					3000							
⑤ G01 X40 Y30 F300					2000		5000					
⑥ G02 X20 Y0 I-20 J0 F100					3000		3000					
⑦ G02 X20 Y0 I-20 J0 F500					3000		3000					
⑧ G02 X20 Y0 I-20 J0 F100					2000		5000					

任务3.4　进给伺服系统伺服通道 FSSB 设定

任务目的　1. 描述进给伺服轴通道的构成。

　　　　　　2. 设计 FSSB 数控伺服轴通道。

实验设备　FANUC 0i Mate-D 数控系统实训台。

实验项目　1. 设计数控机床伺服轴通道。

　　　　　　2. 设定伺服通道 FSSB 参数。

　　　　　　3. 连接 FSSB、伺服放大器与控制轴。

 工作过程知识

FANUC 数控系统通过高速串行总线（FSSB）与伺服放大器连接。FSSB 用一条光缆串联数控装置 3 个主要的功能部件：CNC、伺服放大器和光栅尺，并承接三者之间的数据双向传输，包括移动指令、半闭环反馈或全闭环反馈信息、报警、准备信息等，通过使用 FSSB，数控轴与伺服轴之间的对应关系可以很灵活地定义。

3.4.1　FANUC FSSB 伺服通道设定

使用 FANUC FSSB，必须建立 CNC 与伺服系统的通道，通过设定画面设置或手动参数设置，设定下列伺服参数。

1）参数 No. 1023：各轴的伺服轴号。

2）参数 No. 1905：定义接口类型和光栅适配器接口使用。

3）参数 No.1910~1919：从属器转换地址号。

4）参数 No.1936~1937：光栅适配器连接器号。

FSSB 伺服通道设定步骤如下：

（1）FSSB 设定画面

机床进入急停状态，参数写入置1，参数 No.1902#0，No.1902#1 = 0，进入 FSSB 参数设定画面。

（2）AMP 设定画面

设定放大器（AMP）信息，参数设定画面如图 3-22 所示，显示如表 3-15 所示的项目。

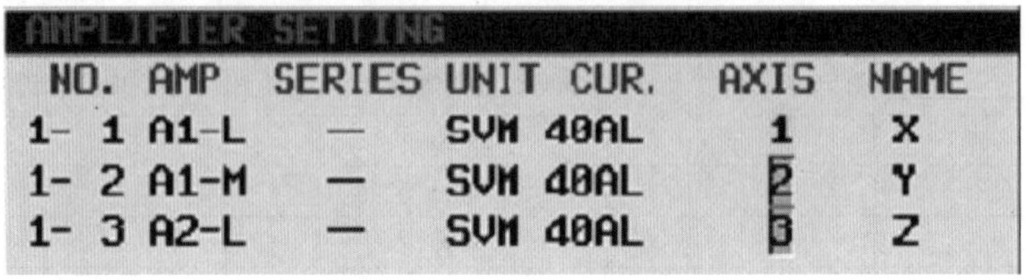

```
AMPLIFIER SETTING
NO. AMP   SERIES UNIT CUR.  AXIS  NAME
1- 1 A1-L   —    SVM 40AL   1     X
1- 2 A1-M   —    SVM 40AL   2     Y
1- 3 A2-L   —    SVM 40AL   3     Z
```

图 3-22　AMP 参数设定画面

表 3-15　放大器显示及设定内容

项 目 名	显示及设定内容
放大器（AMP）	显示用 FSSB 电缆连接的放大器的顺序，显示"An-x"格式的内容，其中 n：放大器号（连接 FSSB 的顺序号） X：放大器内的轴号 L：放大器内的第 1 根轴 M：放大器内的第 2 根轴
系列（SERIES）	伺服放大器的系列名
单元（UNIT）	伺服放大器的型号
电流（CUR.）	放大器的最大电流值
轴号（AXIS）	设定用 FSSB 连接的伺服轴的轴号（参数 No.1023 上设定的轴号），设定值为 1~8
名称（NAME）	参数 No.1020 上设定的轴名

各个项目的说明如下。

1）No.：从控装置号。对由 FSSB 连接的从控装置，从最靠近 CNC 的装置开始进行编号，每个 FSSB 线路最多显示 10 个从控装置（对放大器最多显示 8 个，对外置检测器接口单元最多显示 2 个）。

2）AMP（放大器类型）：在表示放大器开头字符的"A"后面，从靠近 CNC 一侧开始顺序显示表示第几台放大器的数字和表示放大器中第几轴的字母（如 L：第 1 轴，M：第 2 轴，N：第 3 轴）。

3）AXIS（控制轴号）：若参数 DFS（No.14476#0）= 0，则显示在参数（No.14340~14349）所设定的值上加 1 的轴号；若参数 DFS（No.14476#0）= 1，则显示在参数（No.1910~1919）所设定的值上加 1 的轴号。当所设定的值处在数据范围外时，显示 0。

（3）AXIS（设定画面）

如图 3-23 所示为分离检测器设定画面，其中显示如表 3-16 所示项目。使用分离型位置检测器等时，还需更多设置。

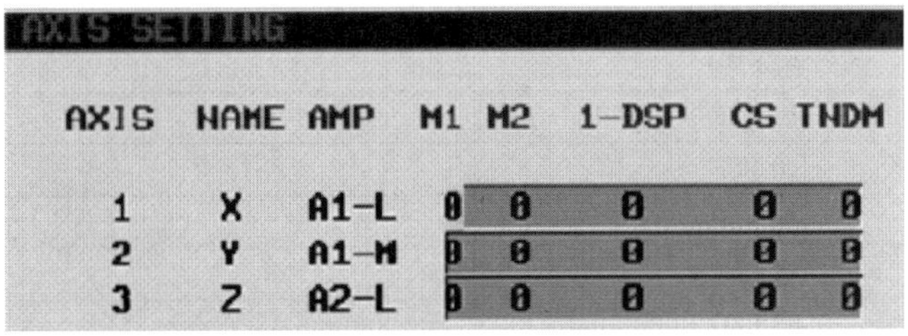

图 3-23　AXIS 设定画面

表 3-16　AXIS 显示及设定内容

项 目 名	设 定 内 容	设 定 值
M1	第 1 个光栅适配器模块编号	1~4
M2	第 2 个光栅适配器模块编号	1~4
1-DSP	一个轴使用一个 DSP（伺服控制 CPU）	
Cs	成为 Cs 轴的轴	0/1

各个项目的说明如下。

1）M1：用于外置检测器接口单元 1 的连接器号，是在参数 No.1931 中设定的分离型检测器接口单元 1 连接器编号。

2）M2：用于外置检测器接口单元 2 的连接器号，是在参数 No.1932 中设定的分离型检测器接口单元 2 连接器编号。

3）1-DSP：伺服 HRV3 控制轴上以一个 DSP 进行控制的轴数是有限制的。对于伺服轴、高速电流环轴、高速接口轴，用 1 个伺服 CPU 控制 1 个轴时，需把此项置 1，这是在参数 No.1904 第 0 位（1-DSP）的设定值。

4）Cs：称为轮廓控制轴。用 spindle（主轴电动机）实现 C 轴位置控制，称为 Cs 轮廓控制。在此主轴位置控制占用数控通道的一个位置环，这种控制方式主要用于带 C 轴的车削中心机床。这是在参数 No.1933 中的设定值。

3.4.2　常见 FSSB 设定报警

报警号 5136：与控制轴的数量比较，FSSB 识别的放大器的数量不够。

报警号 5137：FSSB 进入了错误方式。

报警号 5138：在自动设定方式下，还未完成轴的设定。

报警号 5139：伺服初始化没有正常结束。

工作任务报告

1. 利用数控系统参数手动设定 FSSB 伺服通道，并将每个通道含义及设定值填入表 3-17 中。

2. 伺服串行总线 FSSB 故障分析

将其中一个伺服模块 COP10B 插头上的光缆线拔下来，观察系统出现的报警号，并分析原因。

表 3-17　手动设定 FSSB 伺服通道

参数号	位号（#）	含　　义	设　定　值
1902	#0 FMD		
	#1 ASE		
1904	#0 DSP		
1905	#0 FSL		
	#6 PM1		
	#7 PM2		
1910~1919			
1931			
1933			
1936			
1937			

3. 如果数控机床位置检测器使用光栅尺，数控系统基本参数与 FSSB（AXIS）参数应做何设置？

4. 伺服系统如图 3-24 设计，按要求完成 FSSB 参数设定，并填入表 3-18 中。

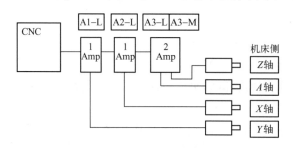

图 3-24　伺服系统设计

表 3-18　完成 FSSB 参数设定

序列号 No.	放　大　器	轴　　号	名　　称

任务 3.5　进给伺服系统报警故障与诊断

任务目的　1. 熟悉进给伺服系统常见故障。

　　　　　　2. 诊断进给伺服系统参数设置故障。

实验设备　FANUC 0i Mate-D 数控系统实训台。

实验项目　1. 进给伺服系统 VRDY-OFF 报警故障诊断与维修。

　　　　　　2. 停止时出现过大的位置偏差量故障诊断与维修。

　　　　　　3. 移动时出现过大的位置偏差量故障诊断与维修。

工作过程知识

3.5.1 进给伺服系统自动运行诊断

FANUC 数控系统提供了进给伺服系统的自动运行诊断画面，如图 3-25 所示，用于监测数控机床伺服轴的各个动作的运行情况，CNC 诊断画面中诊断号 000~016 是与自动运行有关信号的监控，当 000~016 中任何一位为 1 的时候，均会影响零件加工的自动运行（本项目以 M 系列为例）。各诊断号的说明如下。

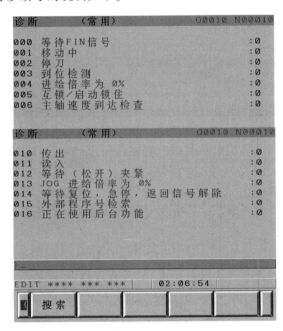

图 3-25 自动运行诊断画面

（1）000 等待 FIN 信号

CNC 在执行辅助功能（M 功能、S 功能、T 功能、B 功能）后，等待这些辅助功能完成信号。如果该状态位为 1，表明程序在自动运行中中断，正在等待辅助功能完成信号。FANUC 数控系统中与 M/S/T/B 辅助功能完成相关的信号见表 3-19。

表 3-19 FANUC 数控系统中与 M/S/T/B 辅助功能完成相关的信号

参数/信号	名　称	状　态	含　义
3001	HSIF	0	0 M/S/T/B 功能为普通接口
		1	1 M/S/T/B 功能为高速接口
G0004#3	FIN	1	执行辅助功能完成
G0005#0	MFIN	1	M 功能结束信号
G0005#2	SFIN	1	S 功能结束信号
G0005#3	TFIN	1	T 功能结束信号
G0005#7	BFIN	1	第二辅助功能结束信号

（续）

参数/信号	名　称	状　态	含　义
G0007#0	MF	1	M 功能选通脉冲信号
G0007#2	SF	1	S 功能选通脉冲信号
G0007#3	TF	1	T 功能选通脉冲信号
G0007#7	BF	1	第二辅助功能选通脉冲信号

（2）001 移动中信号

用于执行自动运行中的轴移动指令。当 001 为 1 时，表明 CNC 正在读取程序中轴移动指令，并给出相应的轴指令。

（3）002 停刀信号

用于执行暂停指令 G04。当 002 为 1 时，CNC 正在读取程序中的暂停指令（G04），并正在执行暂停指令。

（4）003 到位检测信号

用于执行到位检测指令。当 003 为 1 时，表示指定轴的定位（G00）还没有到达指令位置。定位是否结束，可以通过检查伺服的位置偏差量来确认，检查 CNC 的诊断功能为：诊断号 300 位置偏差量大于参数 No. 1826 到位宽度。

轴定位结束时，位置偏差量几乎为 0，若其值在参数设定的到位宽度之内，则定位结束，执行下一个程序段；若其值不在到位宽度之内，则出现报警，参照伺服报警 400、4n0、4n1 项进行检查。

（5）004 进给倍率为 0 信号

当 004 为 1 时，表明此时进给倍率为 0。对于程序指令的进给速度，用表 3-20 的倍率信号计算实际的进给速度，利用 PMC 的诊断功能（PMC DGN）确认信号的状态。

表 3-20　倍率信号及其含义

参数/信号	名　称	含　义
G0012	＊FV0～＊FV7	切削进给倍率
G0013	＊AV0～＊AV7	第二进给速度倍率

（6）005 输入互锁信号

当 005 为 1 时，表明 CNC 收到了机床互锁信号（从 PMC 发出）。

互锁信号含义见表 3-21。

表 3-21　互锁信号名称及含义

参数/信号	名　称	状　态	含　义
3003#0	ITL	0	互锁信号（＊IT）有效
3003#2	ITX	0	互锁信号（＊ITn）有效
3003#3	DIT	0	互锁信号（±MITn）有效
3003#4	DAU	1	互锁信号（±MITn）在自动和手动方式都有效
G0007#1	STLK	1	从 PMC 输入了启动锁住信号
G0008#0	＊IT	0	从 PMC 向 NC 输入了轴互锁信号，禁止所有轴移动
G0132	+MIT1～+MIT4		输入了各轴方向性互锁信号

（7）006 主轴速度到达信号

该信号置 1 时，表明 CNC 系统等待主轴实际速度到达程序指令速度，可以通过 PMC 接口诊断画面确认信号状态，当 G29.4＝1 时，表明实际主轴速度已到达指令转速。

（8）010 传出信号

当 010 为 1 时，表明 FLASH 卡接口或 RS-232C 正在输出数据（参数、程序）。

（9）011 读入信号

当 011 为 1 时，说明当前 CNC 正在输入程序、参数等数据，此时高级中断让给数据传送，机床不执行移动指令。

（10）012 等待松开/卡紧信号

当 012 为 1 时，表明机床正在等待卡盘或转台卡紧或松开到位信号。

（11）013 手动进给速度倍率为 0（空运行）信号

通常手动进给速度倍率功能在手动连续进给（JOG）时使用，但在自动运行中（MEM 状态），当空运行信号 DRN＝1 时，用参数设定的进给速度与用本信号设定的倍率值计算的进给速度有效，见表 3-22。

表 3-22　进给速度信号名称及含义

参数/信号	名　称	状　态	含　义
1410	—	—	空运行速度
G0046#7	DRN	1	空运行有效
G0010	＊FV0～＊FV7		地址 G10、G11 全部为［11111111］或［00000000］，倍率信号为 100% 的速度
G0011	＊FV8～＊FV15		

（12）014CNC 处于复位状态信号

当 014 为 1 时，表明有"RESET""＊ESP""RRW"进入 NC，使得程序退出。造成程序退出主要有以下几种情况。

1）在前述的第（1）项的状态中，在显示器上也显示"RESET"，故可按第（1）项进行检查。

2）如果在执行快速进给定位（G00）时不动作，从表 3-23 参数及 PMC 的信号进行检查。

表 3-23　检查参数

参数/信号	名　称	状　态	含　义
1420			各轴的快速进给速度
G0014#0, 1	ROV1		快速进给倍率信号
1421			各轴的快速进给倍率的 F0 速度
1422			最大切削进给速度

（13）015 外部程序号检索信号

当 015 为 1 时，表明机床正在执行外部程序号检索，即通过操作某一硬件按钮或触发某一硬件地址，机床自动搜索并调用所需的程序号，这一功能在许多专用机床上使用。

（14）016 正在使用后台编辑功能信号

当016 为1 时，表明后台编辑占用资源导致运行停止。

3.5.2　数控系统伺服系统控制诊断

FANUC 数控系统提供伺服系统控制诊断画面，如图 3-26 所示。当发生伺服报警时，诊断画面上显示出报警的细节，根据信息查找伺服报警的原因，采取适当的措施。通过按"SYSTEM"键→"诊断"软键及显示诊断画面。

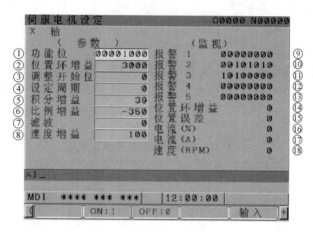

图 3-26　伺服诊断画面

其中，伺服报警与诊断号的对应关系见表 3-24。

表 3-24　伺服报警与诊断号的对应关系

⑨ 报警 1	诊断号 200 的内容（400、414 报警的详细内容）
⑩ 报警 2	诊断号 201 的内容
⑪ 报警 3	诊断号 202 的内容（319 报警的详细内容）
⑫ 报警 4	诊断号 203 的内容（319 报警的详细内容）
⑬ 报警 5	诊断号 204 的内容（414 报警的详细内容）

各项诊断号的具体报警内容如下。

（1）诊断号 200

OVL	LV	OVC	HCA	HVA	DCA	FBA	OFA

OVL：发生过载报警（详细内容显示在诊断号 201 上）。

LV：伺服放大器电压不足的报警。

OVC：在数字伺服内部，检查出过电流报警。

HCA：检测出伺服放大器电流异常报警。

HVA：检测出伺服放大器过电压报警。

DCA：伺服放大器再生放电电路报警。

FBA：发生断线报警。

OFA：数字伺服内部发生了溢出报警。

（2）诊断号 201

ALD			EXP				

当诊断号 200 的 OVL 为 1 时，ALD 为 1：电动机过热；ALD 为 0：伺服放大器过热。

当诊断号 200 的 FBA 为 1 时，报警内容见表 3-25。

表 3-25　当诊断号 200 的 FBA 为 1 时的报警内容

ALD	EXP	报 警 内 容
1	0	内装编码器断线
1	1	分离式编码器断线
0	0	脉冲编码器断线

（3）诊断号 202

	CSA	BLA	PHA	RCA	BZA	CKA	SPH

CSA：串行脉冲编码器的硬件异常。

BLA：电池电压下降（警告）。

PHA：串行脉冲编码器或反馈电缆异常。反馈脉冲的计数不正确。

RCA：串行脉冲编码器异常。转速的计数不正确。

BZA：电池电压降为 0。请更换电池，并设定参考点。

CKA：串行脉冲编码器异常。

SPH：串行脉冲编码器或反馈电缆异常。造成计数出错。

（4）诊断号 203

				PRM			

PRM = 1：数字伺服侧检测到报警，参数设定值不正确。

（5）诊断号 204

	OFS	MCC	LDA	PMS			

OFS：数字伺服电流值的 A-D 转换异常。

MCC：伺服驱动器内部继电器接点熔断。

LDA：LED 表明串行编码器异常。

PMS：由于反馈电缆异常导致的反馈脉冲错误。

3.5.3　进给伺服系统的常见故障

当数控机床进给伺服系统出现故障时，通常有 3 种表现形式：一是在 CRT 或操作面板上显示报警内容或报警信息；二是进给伺服驱动单元上用警告灯或数码管显示驱动单元的故障；三是运动不正常，但无任何报警。进给伺服系统的常见故障如下。

1）超程。超程有软件超程、硬件超程和急停保护3种。

2）过载。当进给运动的负载过大、频繁正/反向运动，以及进给传动润滑状态和过载检测电路不良时，都会引起过载报警。

3）窜动。在进给时出现窜动现象，可能是由于测速信号不稳定、速度控制信号不稳定或受到干扰、接线端子接触不良、反向间隙或伺服系统增益过大等因素所致。

4）爬行。发生在起动加速段或低速进给时，一般是由于进给传动链的润滑状态不良、伺服系统增益过低以及外加负载过大等因素所致。

5）振动。分析机床振动周期是否与进给速度有关。

6）伺服电动机不转。数控系统至进给单元除了速度控制信号外，还有使能控制信号，它是进给动作的前提。

7）位置误差。当伺服运动超过允许的误差范围时，数控系统就会产生位置误差过大报警，包括跟随误差、轮廓误差和定位误差等。主要原因有：系统设定的允差范围过小，伺服系统增益设置不当，位置检测装置有污染，进给传动链累积误差过大，主轴箱垂直运动时平衡装置不稳。

8）漂移。当指令为零时，坐标轴仍在移动，从而造成误差，通过漂移补偿或驱动单元上的零速调整来消除。

工作任务报告

1. 数控机床轴伺服参数设置异常实验。

1）将伺服参数 No.1023 改为4，关机，再开机，观察系统的变化，注意报警号。

2）调出诊断号 203 和 280，并记下诊断号的值。

3）将伺服参数 No.1023 改回原值，关机，再开机，观察系统是否恢复正常。

4）调出诊断号 203 和 280，观察有什么变化。

2. 按表3-26格式完成故障诊断报告。

表3-26 故障诊断报告

故 障 名 称	故 障 原 因	相 关 参 数	故障值更改	如何排除故障	相关电路图
1. 超过速度控制范围	1）速度控制单元参数设定不当或设置过低				
	2）检测信号不正确或无速度与位置检测信号				
2. 伺服电动机不转	1）速度、位置控制信号未输出				
	2）使能信号是否接通				
	3）伺服电动机故障				

3. 对数控系统伺服参数设置的故障进行验证，并填入表3-27中。

表3-27 故障验证

序号	故障设置方法	现象及分析	结　论
1	将坐标轴参数中的轴类型分别设为0~3，观察机床坐标轴运动坐标显示有什么现象		
2	将坐标轴参数中的外部脉冲当量的分子、分母比值进行改动（增加或减少），观察机床坐标轴运动时有什么现象		
3	将坐标轴参数中的外部脉冲当量的分子或分母的符号进行改变（+或-）		
4	将坐标轴参数中的正、负软极限的符号设置错误（正软极限为负值或负软极限设为正值）		
5	将坐标轴参数中的定位允差与最大跟随误差的设置减小一半		
6	将坐标轴参数中的伺服单元型号设置错误		
7	将坐标轴参数中的伺服单元部件号设置错误		

任务 3.6　数控机床返回参考点故障

任务目的　1. 阐述数控机床返回参考点的作用。

2. 设置数控机床返回参考点动作的参数。

3. 诊断返回参考点故障。

实验设备　FANUC 0i Mate-D 数控系统实训台。

实验项目　1. 数控机床返回参考点的动作观察。

2. 减速挡块方式返回参考点相关系统参数设定。

3. 返回参考点故障排除。

 工作过程知识

3.6.1　数控机床返回参考点（REF）动作

要在机床上进行零件的自动加工，必须建立起机床坐标系（MCS），回参考点就是为了建立机床坐标系而进行的操作，如图3-27所示为参考点与机床零点的关系。进行回参考点操作时，需要把机床自动、准确地移动到固定点上，在这个位置上进行换刀以及工件坐标系（WCS）设定。

普通经济型数控机床大多使用增量值编码器作为位置反馈监测装置，重新开机后的第一件事，就是进行回参考点操作，建立机床坐标系，以避免因此而引起的撞刀现象。机床回参考点操作，一般需有一定的硬件支持，除位置编码器以外，一般还需在坐标轴相应的位置上安装一个硬件挡块与一个行程开关，作为参考点减速开关。安装了绝对值编码器作为位置反馈的机床，由于绝对值编码器具有记忆功能，就无需每次开机都进行回参考点操作。

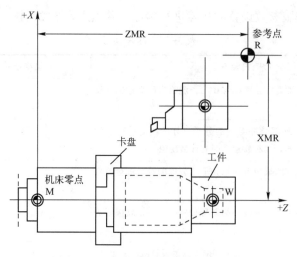

图 3-27　参考点与机床零点的关系

3.6.2　减速挡块方式返回参考点

　　数控机床用减速挡块先进行粗略的参考点定位，再用 CNC 内部设计的栅格（每隔一定距离的信号）进行参考点停止的方式，称为减速挡块回参方式，又称为栅格方式。栅格移位功能可进行一个栅格内的微调。用此方式回参考点的示意如图 3-28 所示，其动作过程分为两个阶段。

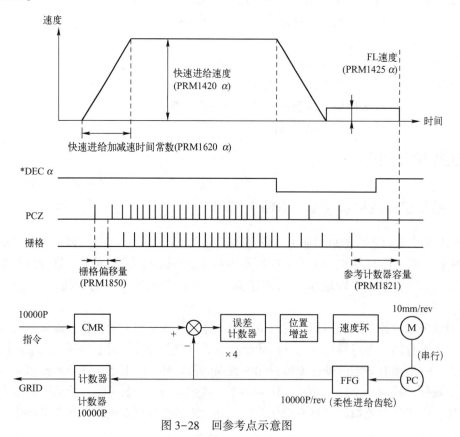

图 3-28　回参考点示意图

阶段1：寻找减速挡块。在回参方式REF下，按轴移动键，轴以快速移动（No.1420设定）寻找减速挡块，当撞上减速挡块后按设定低速移动（No.1425设定），进入阶段2。

阶段2：与零脉冲同步。当减速挡块释放后，开始寻找零脉冲，并在栅格位置（No.1850设定）停止，同时返回参考点结束信号被送出。一个栅格的距离等于检测单位×参考计数器容量。

3.6.3 手动方式返回参考点的信号

选择数控机床手动运行方式，选择轴进给方向（G43.7 ZRN信号设定为1），每个轴刀具可沿着参数ZMI（No.1006#5设定）确定的方向移动，并返回到参数中设定的坐标值（No.1240~No.1243设定），即参考点。手动返回参考点的相关系统信号见表3-28。

表3-28 手动返回参考点相关信号

信号含义	信号符号	信号地址
JOG方式选择	MD1，MD2，MD4	G43.0，G43.1，G43.2
参考点返回选择	ZRN	G43.7
移动轴选择	+J1，-J1，+J2，-J2，……	G100.0~G100.4
移动方向的选择		
快速移动倍率信号的选择	ROV1，ROV2	G014.0，G014.1
参考点返回的减速信号	*DEC1，*DEC2，*DEC3	X009.0，X009.1，X009.2
参考点返回完成信号	ZP1，ZP2，ZP3，……	Fn094.0，Fn094.1，Fn094.2
参考点建立信号	ZRF1，ZRF2，ZRF3，……	Fn120.0，Fn120.1，Fn120.2

手动返回参考点动作的步骤如下。

1）选择手动连续进给（JOG）方式，将手动参考点返回选择信号ZRN设为1。

2）将进给轴方向选择信号（+J1，-J1，+J2，-J2，……）设定为1后，使希望参考点返回的轴向参考点的方向进给。

3）进给轴方向选择信号为1期间，该轴以快速移动方式进给。快速移动倍率信号（ROV1，ROV2）有效，通常将其设定为100%。

4）到达参考点时，位置开关返回减速信号（*DEC1，*DEC2，*DEC3）成为0。速度暂时减到0，再以参数No.1425所设定的FL速度（低速度）返回参考点。

5）离开减速用的位置开关，在参考点返回用减速信号成为1时，以FL速度进行进给后，在设定的栅格位置停止。

6）确认已经到位后，参考点返回完成信号（ZP1，ZP2，ZP3，……）和参考点建立信号（ZRF1，ZRF2，ZRF3，……）成为1。

FANUC数控系统也可以在自动方式下，用G代码指令返回参考点，例如用G27、G28或G29等指令编制返回参考点代码。

3.6.4 减速挡块的长度与栅格微调参考点设定

1）在返回参考点的过程中，减速挡块的长度需要进行结算：

$$挡块长度=\frac{快速进给速度\times(30+快速进给加/减速时间常数/2+伺服时间常数)}{60\times1000}\times1.2$$

例：数控机床快速进给速度为 12 m/min （12000 mm/min）；

快速进给直线形加/减速时间常数为 100 ms；

伺服时间常数为 1/伺服环增益（参数 No.1825）为 1/30＝0.033 s＝33 ms；

答：

$$挡块长度=\frac{12000\times(30+100/2+33)}{60\times1000}\times1.2\ \text{mm}=27\ \text{mm}$$

考虑将来可能要加大时间常数，所以确定挡块长度为 30～35 mm。

2）微调参考点位置也需要根据实际情况进行不同的设定。

作为调整参考点的方法，有基于栅格偏移的方法和基于参考点偏移的方法两种。若希望使 1 个栅格以内的参考点偏移时，则将参数 SFDx（No.1008#4）设定为 0；若希望使 1 个栅格以上的参考点偏移时，则选择参考点偏移调整，将参数 SFDx（No.1008#4）设定为 1。

选择基于栅格偏移方式返回参考点，可在 1 个栅格的范围内微调参考点位置。通过栅格偏移来使参考点位置错开时，可以使栅格位置只偏移由参数（No.1850）所设定的量，可以设定的栅格偏移量为参考计数器容量（参数 No.1821）（栅格间隔）以下的值，从松开减速用的极限开关到最初的栅格点为止的距离，显示在诊断号 302 上，此外，还将被自动保存在参数（No.1844）中。

3.6.5 返回参考点相关的参数

FANUC 0*i* Mate-D 数控系统中与返回参考点相关的参数见表 3-29。

表 3-29　与返回参考点相关的参数

参 数 号	#7	#6	#5	#4	#3	#2	#1	#0
1005					HJZx		DLZx	ZRNx
0002	SJZ							
1002					AZR			JAX
1006			ZMIx					
1007							ALZx	
1008				SFDx				
1201						ZCL		ZPR
1240～1243	第 1～N 参考点在机械坐标系中的坐标值							
1401							JZR	RPD
1420	每个轴的快速移动速度							
1423	每个轴的 JOG 进给速度							
1424	每个轴的手动快速移动速度							

（续）

参 数 号	#7	#6	#5	#4	#3	#2	#1	#0
1425	每个轴的手动参考点返回的 FL							
1428	每个轴的参考点返回速度							
1821	每个轴的参考计数器容量							
1836	视为可以进行参考点返回操作的伺服错误量							
1850	每个轴的栅格偏移量/参考点偏移量							
3003			DEC					
3006								GDC

主要参数的常用设定值见表 3-30。

表 3-30 主要参数的常用设定值

参数号（#位）	一般设定值	参 数 含 义
1005# 0 ZRNx	0	使用回参考点功能，未返回参考点自动运行 G28 以外的移动指令时，发出报警（PS0224）即回零未结束
1005# 1 DLZx	0	无挡块参考点设定功能设定为无效
1005# 3 HJZx	0	有减速挡块的参考点返回操作
0002# 7 SJZ	0	在参考点尚未建立的情况下，执行借助减速挡块的参考点返回操作；在已经建立参考点的情况下，以参数设定的速度定位到参考点而与减速挡块无关
1002# 0 JAX	0	JOG 进给、手动快速移动以及手动参考点返回的同时控制轴数为 1 轴
1002# 3 AZR	1	参考点尚未建立时的 G28 指令，显示出报警（PS0304）"未建立零点即指令 G28"
1006# 5 ZMIx	0	手动参考点返回方向的设定为正方向
1007# 1 ALZx	0	自动参考点返回（G28），通过定位（快速移动）返回到参考点。在通电后尚未执行一次参考点返回操作的情况下，以与手动参考点返回操作相同的顺序执行参考点返回操作
1008# 4 SFDx	0	在基于栅格方式的参考点返回操作中，基于栅格偏移功能有效
1201# 0 ZPR	1	在进行手动参考点返回操作时，进行自动坐标系设定
1201# 2 ZCL	1	在进行手动参考点返回操作时，取消局部坐标系
1240~1243	000.00	第 1~N 个参考点在机械坐标系中的坐标值
1401# 0 RPD	0	通电后参考点返回完成之前，将手动快速移动设定为无效（成为 JOG 进给）
1401# 2 JZR	1	通过 JOG 进给速度进行手动参考点返回操作
3003# 5 DEC	0	参考点返回用减速信号（＊DEC1~＊DEC5）在信号为 0 下减速
3006# 0 GDC	0	参考点返回用减速信号使用<X009>

3.6.6 返回参考点的故障诊断思路

返回参考点故障通常有两类表现：找不到参考点和找不准参考点。诊断思路如图 3-29 所示。

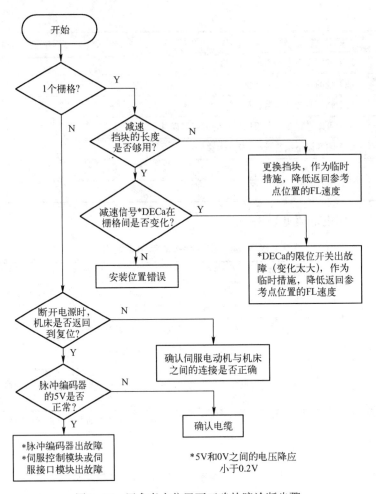

图 3-29　回参考点位置不正确故障诊断步骤

故障类型 1：找不到参考点。

由于返回参考点减速开关产生的信号或零标志信号失效所导致。诊断时，先搞清返回参考点方式，再对照故障现象，用先内后外和信号追踪法查找故障部位。

1）外：机床外部的挡块和开关，检查 PLC 或接口状态。

2）内：零标志，示波器检查信号。

故障类型 2：找不准参考点。

由于参考点开关挡块位置设置不当引起，需重新调整即可。

3.6.7　返回参考点常见故障案例

故障 1：机床返回参考点发生位置偏移。

1）偏离参考点一个栅格距离。

造成这种故障的原因有 3 种：①减速挡块位置不正确；②减速挡块的长度太短；③参考点用的接近开关的位置不当。该故障一般在机床大修后发生，可通过重新调整挡块位置来解决。

2）偏离参考点任意位置，即偏离一个随机值。

这种故障与下列因素有关：①外界干扰，如电缆屏蔽层接地不良，脉冲编码器的信号线与强电电缆靠得太近；②脉冲编码器用的电源电压太低（低于4.75V）或有故障；③数控系统主控板的位置控制部分不良；④进给轴与伺服电动机之间的联轴器松动。

3）微小偏移。

其原因有两个：①电缆连接器接触不良或电缆损坏；②漂移补偿电压变化或主板不良。

故障2：机床在返回参考点时发出超程报警。

1）无减速动作。无论是发生软件超程还是硬件超程，都不减速，一直移动到触及限位开关再停机。可能是由于返回参考点减速开关失效，开关触点压下后，不能复位，或减速挡块处的减速信号线松动，返回参考点脉冲不起作用，致使减速信号没有输入到数控系统。

2）返回参考点过程中有减速，但以切断速度移动（或改变方向移动）到触及限位开关而停机。可能原因有：减速后，返回参考点标记指定的基准脉冲不出现。一种可能是光栅在返回参考点操作中没有发出返回参考点脉冲信号，或返回参考点标记失效，或由参考点标记选择的返回参考点脉冲信号在传送或处理过程中丢失，或测量系统硬件故障，对返回参考点脉冲信号无识别和处理能力；另一种可能是减速开关与返回参考点标记位置错位，减速开关复位后，未出现参考点标记。

3）返回参考点过程有减速，且有返回参考点标记指定的返回基准脉冲出现后的制动到零速时的过程，但未到参考点就触及限位开关而停机。该故障原因可能是返回参考点的返回参考点脉冲被超越后，坐标轴未移动够指定距离就触及限位开关。

工作任务报告

1. 在表3-31中记录数控机床实训台上各轴的返回参考点相关参数值。

表3-31 各轴的返回参考点相关参数值

参 数 号	参 数 说 明	X轴	Y轴	Z轴
1002#1	返回参考点的方式			
1005#1	返回参考点的方式			
1006#5	返回参考点的方式			
1240	参考点的坐标值			
1420	各轴快速运行速度			
1425	各轴返回参考点的FL速度			
1821	各轴的参考计数器容量			
1850	各轴的栅格偏移量			

2. 启动NC系统，将机床工作方式置于手动JOG方式，将坐标轴移至合适的位置。然后将机床工作方式置于回参考点方式，NC系统启动完毕后即为回参考点方式。按坐标轴方向键使机床回参考点，如果选择了错误的回参考点方向，则不会产生运动，对每个坐标轴逐一回参考点，并观察轴运行轨迹。根据观察结果，填写表3-32，并描述回参考点过程及信号变化。

表 3-32　回参考点诊断结果

项　　目	X 轴		Y 轴		Z 轴	
	诊断位	诊断结果	诊断位	诊断结果	诊断位	诊断结果
减速信号（DEC）	X16.5		X17.5		X18.5	
完成信号（ZP）	F148.0		F148.1		F148.2	
参考计数器（REF）						

3. 根据现有资料和实验台返回参考点故障现象，诊断故障并排除，再填入表 3-33 中。

表 3-33　根据故障现象诊断并排除

故　障　现　象	相关参数设定故障	机　械　故　障	排　　除	备　　注
参考点找不到				
参考点找不准				
机床停止位置与参考点位置不一致				

4. 分别在各轴相对机床静止的位置上安装一个百分表，慢速移动轴，让百分表指针位于一个合适的位置，然后改变参数 No.1850 的值，进行回参考点的操作，再回到原来的位置（可参考显示屏上的值），此时观察百分表有什么变化？可重复上述步骤多次，得出什么结论？

5. 思考题

1) 在回参考点中，栅格偏移的作用是什么？

2) 将参数 No.1006#5 改变为 1，再重复返回参考点动作，会有什么变化？

3) 如果机床参考点位置变化了（小于一个螺距），检查发现减速开关松动了，应该用什么方法恢复最简单？

4) 在回参考点过程中，若减速开关出现故障，会有什么危险？

任务 3.7　伺服放大器和伺服电动机的日常维护

任务目的　1. 伺服放大器和伺服电动机的基本维护。
　　　　　　2. 伺服放大器、伺服电动机和编码器的订货。
实验设备　FANUC 0i Mate-D 数控系统实训台。
实验项目　1. 伺服放大器、电动机和编码器的标签阅读。
　　　　　　2. 散热风扇、伺服放大器电池的更换。

 工作过程知识

3.7.1　伺服放大器标签

FANUC 伺服放大器、伺服电动机和编码器的标签上提供了每个部件的订货信息和订货号。

伺服放大器的标签内容，如图 3-30 和图 3-31 所示。

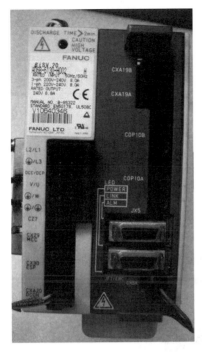

图 3-30 β*i* SV/SVSP 伺服放大器标签位置

图 3-31 β*i* SV/SVSP 伺服放大器标签

1）β*i*SV20：产品规格。

2）A06B-6130-H002：伺服放大器的订货号。

3）伺服放大器模块信息：电源频率 50~60 Hz，三相电压输入时，额定输入电压 200~240 V，额定输入电流 8 A；单相电压输入时，额定电压 220~240 V，额定输入电流 8 A。伺服放大器额定输出电压 240 V，额定输出电流 6.8 A。

4）B-65322：该产品的技术手册。

5）V09911415：伺服放大器模块的生产序列号。

3.7.2　伺服电动机标签

伺服电动机的标签内容，如图 3-32 所示。

1）βiS 4/4000：伺服电动机规格。

2）A06B-0063-B103：订货号。

3）C096E0461：生产序列号。

4）2009.6：生产日期。

5）伺服电动机参数：输出额定功率 1.4 kW，电压 138 V，额定转速 4000 r/min，额定电流 6.4 A，频率 267 Hz，静态扭矩 4 N·m,电流 7.7 A。

6）B-65252：技术手册。

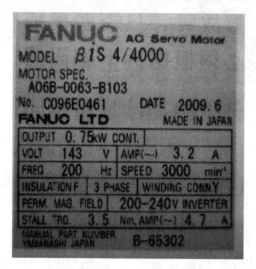

图 3-32　βi 伺服电动机标签

3.7.3　编码器标签

编码器的标签内容，如图 3-33 所示。

1）βiA128：编码器规格。

2）A860-2020-T301：订货号。

3）0414802070807：生产序列号，其中 070807 为生产时间。

图 3-33　βi 伺服电动机脉冲编码器标签

3.7.4　伺服放大器和伺服电动机的日常维护

伺服系统的维护不仅是简单维护伺服放大器，还要注意周围的环境，相连部件等的整体维护。尘埃、油污、风的流通不畅等影响伺服放大器散热，从而降低伺服放大器的使用寿命。电动机风扇是伺服放大器的辅助部件，如风扇运转不正常，或粘有灰尘、油污，就会影响伺服放大器的散热，平时可参考表 3-34 进行日常维护。

表 3-34　伺服放大器日常维护

检查部位	检查项目	检查周期		判 定 基 准
		日常	定期	
环境	温度	○		强电盘四周 0~45℃ 强电盘内部 0~55℃
环境	湿度	○		相对湿度小于 90%
环境	尘埃、油污	○		伺服放大器周围不应粘附有此类物质
环境	冷却通风	○		风的流动是否通畅
环境	异常振动、响声	○		出现异常振动或响声要即刻检查；放大器周围振动要小于或等于 0.5 g
环境	电源电压	○		200~240 V 范围内
伺服放大器	整体	○		是否有异常响声或气味
伺服放大器	整体	○		是否粘附有尘埃、油污
伺服放大器	螺栓		○	螺栓是否松动
伺服放大器	风扇电动机		○	运转是否正常；是否有异常振动、响声；是否粘附尘埃、油污
伺服放大器	连接器		○	是否有松动
伺服放大器	电缆		○	是否有发热现象；包皮是否出现老化
外围设备	电磁接触器		○	是否有异响或颤动
外围设备	漏电断路器		○	漏电跳闸装置应正常工作
外围设备	交流电抗器		○	是否有嗡嗡声响

 工作任务报告

1. 熟悉现有实验装置或数控机床伺服放大器及伺服电动机等组成部分的标签含义。

2. 熟悉伺服放大器和伺服电动机及备件的订货方法。根据实验设备，1）观察 βiSV 伺服放大器的标签，有条件的可以在断电的情况下，分别取出动力印制电路板和控制印制电路板，填表 3-35；2）根据 βiSV 伺服电动机和脉冲编码器上的标签，填表 3-36。

表 3-35　βiSV 伺服放大器与部件订货号

名　　称	订　货　号	动力印制电路板订货号	控制印制电路板订货号

表 3-36　βiSV 伺服电动机与脉冲编码器订货号

名　　称	订　货　号	备　　注

项目 **4**

主轴驱动系统的调试与维修

 学习目的

FANUC 数控系统主轴控制有两大类：第一类是模拟主轴驱动，数控系统输出模拟电压控制主轴，模拟电压范围 0 ~ ±10 V。主轴系统由变频器、三相异步电动机和外置编码器构成；第二类是串行主轴驱动，数控系统输出串行数据控制，主轴系统由主轴伺服放大器、主轴伺服电动机和内置/外置编码器构成。

任务 4.1 模拟主轴驱动及三菱 FR-S500 通用变频器的连接

任务目的 1. 熟悉三菱 FR-S500 通用变频器的端子功能与连接。
2. 识读主轴驱动系统电气图，连接三菱 FR-S500 通用变频器。
实验设备 FANUC 0*i* Mate-D 数控系统实训台。
实验项目 1. 三菱变频调速器 FR-S500 标准接线图识读。
2. 三菱变频器主回路端子、控制回路端子的连接。
3. 主轴控制系统的电气连接。

 工作过程知识

4.1.1 模拟主轴驱动系统

在数控加工程序中，M03/M04 S×××指令用来实现数控机床主轴正转/反转以及调速。在模拟主轴驱动系统中，数控系统输出模拟电压控制主轴，模拟电压范围 0 ~ ±10 V。变频器的作用是改变电动机的工作频率，三相异步电动机或者变频电动机和主轴使用同步带连接，或者配以变速齿轮箱实现主轴速度输出。正转/反转、主轴转速信号由 PLC 接收，并传给变频器，实现主轴无级调速，如图 4-1 所示。

根据公式 $n = 60f/p$，可知三相异步电动机的转速 n 与电源频率 f 成正比，与电动机的极对数 p 成反比，因此，改变电源的频率可调节电动机的转速。通常，为了保证在一定的调速范围内保持电动机的转矩不变，在调节电源频率 f 时，必须保持磁通 Φ 不变，由公式 $U \approx E$

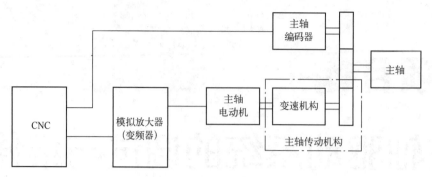

图 4-1　三相异步电动机配置变频器主轴传动连接图

=4.44$fWK\Phi$ 可知，$\Phi\propto U/f$，所以改变频率 f 时，同时改变电源电压 U，可以保持磁通 Φ 不变。变频调速技术正是采用了上述原理，用同时改变 f 和 U 的方法来实现电动机转速 n 的调速控制，并使得输出转矩在一定范围内保持不变。在数控机床中，变频器常用于模拟主轴驱动控制。

　　三菱公司生产的 FR-S500 变频器是具有免测速机矢量控制功能的通用型变频器，它可以计算出所需输出电流及频率的变化量以维持所期望的电动机转速，而不受负载条件变化的影响。

4.1.2　三菱 FR-S500 变频器电源及强电接线端子

　　三菱 FR-S500 变频器电源及电动机强电接线端子排列如图 4-2 所示（主回路端子）。

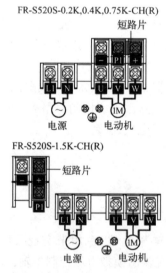

图 4-2　FR-S500 变频器电源及电动机强电接线端子排列

　　其中，变频器电源接线位于变频器的左下侧，由单相交流电 AC 220 V 供电，连接接线端子 L1、N 及接地 PE。变频器电动机接线位于变频器的右下侧，接线端子 U、V、W 及接地 PE 引线接三相电动机。电源线必须接 L1、N，绝对不能接 U、V、W，否则会损坏变频器。

4.1.3　三菱 FR-S500 变频器弱电控制接线端子

三菱 FR-S500 变频器弱电控制接线端子排列如图 4-3 所示（控制回路端子）。

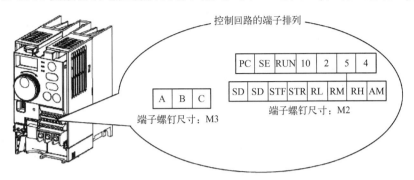

图 4-3　FR-S500 变频器弱电控制接线端子排列

4.1.4　三菱 FR-S500 变频器标准接线图

三菱 FR-S500 变频器标准接线图如图 4-4 所示。

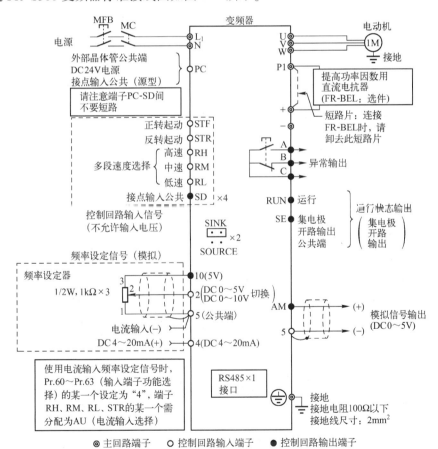

图 4-4　FR-S500 变频器接线图

FR-S500变频器主要接线端子规格说明见表4-1。

表4-1　FR-S500变频器主要接线端子规格

端　子　号		端子名称	端子功能说明
主回路端子			
L1、L2、L3		电源输入	连接工频电源
U、V、W		变频器输出	连接三相笼型电动机
控制回路端子			
输入信号	STF	正转起动	STF信号ON时为正转；OFF时为停止指令
	STR	反转起动	STR信号ON时为反转；OFF时为停止指令
	RH、RM、RL	多段速度选择	可根据端子RH、RM、RL信号的短路组合进行多段速度的选择 速度指令的优先顺序是JOG多段速设定（RH、RM、RL、REX）AU的顺序
	10	频率设定用电源DC 5 V	容许负荷电流10 mA
	2	频率设定电压信号	输入DC 0~5 V（0~10 V）时，输出成比例；输入5 V（10 V）时输出为最高频率 5 V/10 V切换用Pr. 73 0~5 V，0~10 V选择进行
	4	频率设定电流信号	输入DC 4~20 mA，出厂时调整为4 mA对应0 Hz，20 mA对应60 Hz；最大容许输入电流30 mA，输入阻抗约250 Ω。电流输入时请把信号AU设定为ON AU信号用Pr. 60~Pr. 63（输入端子功能选择）设定
	5	频率设定公共输入端	此端子为频率设定信号（端子2，4）及显示仪表端子"AM"公共端子SD和端子SE被绝缘请不要接地

4.1.5　主轴电气回路的组成

数控机床主轴电气回路的组成如图4-5所示。其中：

电源：指变频器的容许电源规格内的电源。

断路器：变频器接通电源时，由于会突然流过电流，因此要注意断路器的选择。

接触器：不能使用电源电磁接触器控制起动/停止变频器，否则会降低变频器寿命。

电抗器：改善功率因数及大容量电源（500 kV·A以上，接线距离10 m以内）时，有必要进行电抗器设置。

输出侧：不要在输出侧连接电力电容器、浪涌抑制器、无线电噪声滤波器。

接地：为了防止触电，电动机和变频器必须接地。为防止来自变频器动力线的传导噪声而设置的接地连线，需要连到变频器的接地端子上。

⚠ **注意**：电源进线及电动机接线均为交流高电压，请在接通电源之前或在通电工作中，确认变频器的盖子已

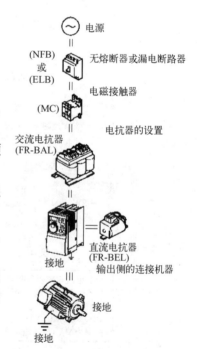

电源

（NFB）或（ELB）　无熔断器或漏电断路器

（MC）　电磁接触器

　　　　电抗器的设置

交流电抗器（FR-BAL）

　　　　直流电抗器（FR-BEL）

接地　　输出侧的连接机器

接地

接地

图4-5　主轴电气回路的组成

经盖好，以防触电！

 工作任务报告

1. 实训系统变频器采用的是何种速度选择方式，如何获得控制主轴电动机的正、反转与停止信号？

2. 实训系统变频器采用的是何种频率设定信号？

3. 试画出实训系统主轴的电气原理结构图。

4. 变频器故障设置实验。请将故障现象与结论填入表 **4-2** 中。

表 4-2　变频器故障设置实验

序　号	故障设置方法	故障现象	结　论
1	将变频器的三相电源断掉一相，运行变频器，观察现象（注意从端子排处断开，注意安全）		
2	将异步电动机的三相电源中的两相进行互换，运行主轴，观察现象		
3	将变频驱动器的模拟电压取消或极性互调，运行主轴，观察现象		
4	将主轴正、反转信号取消，运行主轴，观察现象		
5	将异步电动机的三相电源取消一相，运行主轴，观察现象		

任务 4.2　模拟主轴变频器与数控系统参数设定

任务目的　1. 设定三菱 FR-S500 通用变频器参数。

　　　　　　2. 设定数控系统主轴功能参数。

实验设备　FANUC 0i Mate-D 数控系统实训台。

实验项目　1. 数控系统主轴功能参数设定。

　　　　　　2. 数控系统模拟主轴输出设定。

　　　　　　3. 变频器基本功能参数设定。

 工作过程知识

4.2.1　数控系统模拟主轴参数设定

FANUC 0i Mate-D 数控系统最多可以控制一个模拟主轴，主轴功能见表 4-3。

表 4-3　主轴功能

主 轴 功 能	模拟主轴
	第一主轴
螺纹切削/每转进给（同步进给）	○
周速恒定控制	○

（续）

主 轴 功 能	模拟主轴
	第一主轴
主轴速度变动检测（T 系列）	○
实际主轴速度输出（T 系列）	○
主轴定位（T 系列）	○
Cs 轮廓控制	×
多主轴	×
刚性攻螺纹	○
主轴同步控制	×
主轴简易同步控制	×
主轴定向 主轴输出切换 其他主轴切换等具有主轴控制单元的功能	○
多边形加工（T 系列） （伺服电动机轴和主轴的多边形）	○
主轴间多边形加工（T 系列） （主轴和主轴的多边形）	×
基于 PMC 的主轴输出控制	○

注："○"表示具备的功能；"×"表示不具备的功能。

FANUC 0*i* Mate-D 数控系统中与模拟主轴控制相关的基本参数含义与一般设定见表4-4。

表 4-4　与模拟主轴控制相关的基本参数含义与一般设定

参数号（#位）	一般设定值	参 数 含 义
3716 #0 A/Ss	0	主轴电动机的种类为模拟主轴
3720		位置编码器的脉冲数
8133 #5 SSN	1	是否使用主轴串行输出
3031	4	S 代码的容许位数
3741~3744		第 1 档~第 4 档传动比主轴最高转速
3730		主轴速度指令的增益调整数据
3731		主轴速度指令的漂移补偿值
3735		主轴电动机的最低钳制速度
3736		主轴电动机的最高钳制速度
3772		各主轴的上限转速
3798 #0 ALM	0	所有主轴的主轴报警（SP＊＊＊＊）是否有效

FANUC 0*i* Mate-D 数控系统中与模拟主轴控制相关的基本信号见表4-5。

表 4-5　与模拟主轴控制相关的基本信号

信　号	含　义
＊SSTP<Gn029.6>	主轴停止信号

（续）

信　号	含　义
SOV0~SOV7<Gn030>	主轴速度倍率信号
SAR<Gn029.4>	主轴速度到达信号
ENB<Fn001.4>	主轴动作信号
R01O~R12O<Fn036.0~Fn037.3>	S12位代码信号

4.2.2　三菱 FR-S500 变频器操作面板操作

三菱 FR-S500 变频器操作面板按钮分布如图 4-6 所示。操作面板的功能说明见表 4-6。

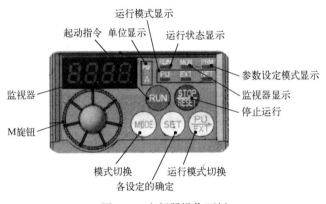

图 4-6　变频器操作面板

表 4-6　操作面板功能说明

面板项目	说　明
运行模式显示	PU：PU 运行模式时亮灯 EXT：外部运行模式时亮灯 NET：网络运行模式时亮灯
单位显示	Hz：显示频率时亮灯 A：显示电流时灯亮；显示电压时灯灭；设定频率监视时闪烁
监视器（4位 LED）	显示频率、参数编号等
M 旋钮	用于变更频率设定、参数的设定值。按该按钮可显示以下内容：监视模式时的设定频率；校正时的当前设定值；错误历史模式时的顺序
模式切换	用于切换各设定模式，长按此键（2s）可以锁定操作
各设定的确定	运行中按此键，则监视器出现以下显示：运行频率→输出电流→输出电压
运行状态显示	变频器动作中亮灯/闪烁。亮灯：正转运行中，缓慢闪烁（1.4s循环）；反转运行中，快速闪烁（0.2s循环）
参数设定模式显示	参数设定模式时亮灯
监视器显示	监视模式时亮灯
停止运行	也可以进行报警复位

（续）

面板项目	说　　明
运行模式切换	用于切换 PU/外部运行模式。使用外部运行模式（通过另接的频率设定旋钮和起动信号起动运行）时按此键，使表示运行模式的"EXT"处于亮灯状态（切换至组合模式时，可同时按 MODE 键（0.5 s）或者变更参数 Pr.79）。PU：PU 运行模式；EXT：外部运行模式，也可以解除 PU 停止
起动指令	通过 Pr.40 的设定，可以选择旋转方向

4.2.3　三菱 FR-S500 变频器基本参数设定

三菱 FR-S500 变频器主要参数设置见表 4-7。

表 4-7　FR-S500 变频器主要参数设置

序　　号	参数代号	初　始　值	设　置　值	功能说明
1	P1	120	可调	上限频率（Hz）
2	P2	0	0	下限频率（Hz）
3	P3	50	50	电动机额定频率
4	P4	50	50	多段速度设定（高速）
5	P5	30	30	多段速度设定（中速）
6	P6	10	10	多段速度设定（低速）
7	P7	5	2	加速时间
8	P8	5	0	减速时间
9	P73	1	0	模拟量输入选择
10	P77	0	0	参数写入选择
11	P79	0	2	运行模式选择

工作任务报告

1. 查证三菱 FR-S500 变频器主轴相关参数的设定值，解释其意义，并填入表 4-8 中。

表 4-8　主轴相关参数设定值及意义

参数代号	当前设定值	意　　义	备　　注
P1			
P2			
P3			
P4			
P5			
P6			
P7			
P8			
P73			

(续)

参数代号	当前设定值	意　义	备　注
P77			
P79			

2. 在主轴转动时，监测数控系统主轴相关信号值，并填入表4-9中。

表4-9　主轴相关信号值及含义

参　数　号	参　数　含　义	当　前　值	备　注
3717			
3720			
3730			
3735			
3736			
3741~3744			
3772			
8133#5			

3. 列举出实现主轴换档功能所需要设定的参数与信号。

4. 使用三菱FR-S500变频器操作面板修改参数。

1) 使用变频器操作面板对主轴电动机进行控制：正转、反转、停止、改变电动机转速等。

2) 使用NC系统MDI方式对变频器进行控制：正转、反转、停止、改变电动机转速等。

3) 实现禁止主轴反转。

任务4.3　串行主轴驱动及 FANUC β*i* SVSP 系列伺服单元的连接

任务目的　1. FANUC β*i* SVSP 系列伺服单元的端子功能与连接。

　　　　　　2. 识读主轴驱动系统电气图，连接 β*i* SVSP 系列伺服单元。

实验设备　FANUC 0*i* Mate-D 数控系统实训台。

实验项目　1. FANUC β*i* SVSP 系列伺服单元标准接线图识读。

　　　　　　2. FANUC β*i* SVSP 系列伺服单元控制回路端子的连接。

　　　　　　3. 主轴控制系统的电气连接。

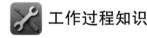

工作过程知识

4.3.1　串行主轴驱动系统

FANUC 串行主轴驱动系统，CNC 和主轴伺服放大器之间采用串行数据通信方式。FANUC 主轴伺服放大器配合 FANUC 主轴伺服电动机实现主轴速度控制，如图4-7所示。串行主轴驱动系统比起同功率的模拟主轴驱动系统具有刚性好、调速范围宽、响应快、过载能力强等优点。除此之外，串行主轴驱动系统还可以实现主轴定向（或称主轴准停）、刚性攻螺纹、Cs轮廓控制等特殊功能，以满足数控加工中的特殊工艺。串行主轴相关控制功能见表4-10。

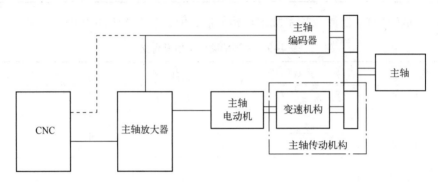

图 4-7　伺服电动机配置主轴伺服放大器主轴传动连接图

表 4-10　串行主轴相关控制功能

控 制 方 式	控 制 功 能	速度/位置控制
速度控制	CNC 与主轴伺服放大器通过串行通信方式实现主轴速度控制	速度控制
定向控制	CNC 对主轴位置的简单控制，主轴能准确停止在某一固定位置，常用于加工中心换刀	位置控制
刚性攻螺纹	主轴旋转一转，所对应的钻孔轴的进给量与攻螺纹的螺距相同，在刚性攻螺纹时，主轴的旋转和进给轴总保持同步	速度+位置控制
Cs 轮廓控制	安装在主轴上的专用检测器可以对串行主轴进行位置控制	位置控制
定位控制	车床主轴可实现任意角度定位，通过主轴侧传感器和主轴位置编码器共同作用实现	位置控制

4.3.2　FANUC β*i* SVSP 系列伺服单元的主轴控制接口

FANUC β*i* SVSP 系列伺服单元的主轴控制接口如图4-8所示，其中和主轴控制相关的接口功能见表4-11。

表 4-11　β*i* SVSP 伺服放大器各接口功能

序号	标注名称	功 能	序号	标注名称	功 能
1	状态 1	主轴状态指示灯	16	JYA3	主轴位置编码器或外部一转信号接口
13	JA7B	主轴串行信号输入接口	17	JYA4	独立的主轴位置编码器接口
14	JY7A	主轴串行信号输出接口	24	TB2	主轴电动机动力接口
15	JYA2	主轴传感器反馈信号（Mi/MZi）			

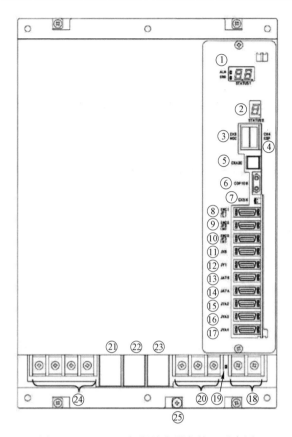

图 4-8 β*i* SVSP 伺服放大器各接口示意图

工作任务报告

1. 熟悉、理解 FANUC β*i* SVSP 伺服放大器的总体连接图，理解放大器主轴相关的接口功能与连接，并填入表 4-12 中。

表 4-12 β*i* SVSP 伺服放大器各接口功能和连接

接口代码	功　　能	导　线　连　接
CXA2A		
CXA2C		
JYA2		
JYA3		
JYA4		
JA7A		
JA7B		
JY1		
TB1		
CX38		
PNP 传感器		

2. 测量 FANUC β*i* SVSP 伺服放大器的部分接口电压。在试验台或数控机床正常通电的工作情况下，测量 β*i* SVSP 伺服放大器 TB1 端子和 CX38 是否为交流 200～240 V；测量 CXA2A/CXA2C 的 A1 脚和 A2 脚之间是否为直流 24 V。

任务 4.4　串行主轴数控系统参数设定与调整

任务目的　1. 理解数控系统主轴参数的含义。
　　　　　　2. 设定串行主轴系统参数与调整参数。
实验设备　FANUC 0*i* Mate-D 数控系统实训台。
实验项目　1. 数控系统主轴系统参数设定与调整页面的操作。
　　　　　　2. 数控系统串行主轴的参数设定与调整。

 工作过程知识

4.4.1　数控系统串行主轴功能

FANUC 0*i* Mate-D 数控系统最多可以控制一个串行主轴，主轴功能见表 4-13。

表 4-13　主轴功能

主 轴 功 能	串行主轴
	第一主轴
螺纹切削/每转进给（同步进给）	○
周速恒定控制	○
主轴速度变动检测（T 系列）	○
实际主轴速度输出（T 系列）	○
主轴定位（T 系列）	○
Cs 轮廓控制	○
多主轴	○
刚性攻螺纹	○
主轴同步控制	○
主轴简易同步控制	○
主轴定向　主轴输出切换 其他主轴切换等具有主轴控制单元的功能	○
多边形加工（T 系列） （伺服电动机轴和主轴的多边形）	○
主轴间多边形加工（T 系列） （主轴和主轴的多边形）	○
基于 PMC 的主轴输出控制	○

注：“○”表示具备的功能；“×”表示不具备的功能。

4.4.2 数控系统串行主轴系统参数与信号

FANUC 0i Mate-D 数控系统中与串行主轴控制相关的基本参数含义与一般设定见表 4-14。

表 4-14 与串行主轴控制相关的基本参数含义与一般设定

参数号（#位）	一般设定值	参 数 含 义
3716 #0 A/Ss	1	主轴电动机的种类为模拟主轴
3717		各主轴的主轴放大器号
3701	0	设定路径内的主轴数
4133		主轴电动机型号代码
8133#5 SSN	0	是否使用主轴串行输出
3031	4	S 代码的容许位数
3741～3744		第 1 档～第 4 档传动比主轴最高转速
3730		主轴速度指令的增益调整数据
3731		主轴速度指令的漂移补偿值
3735		主轴电动机的最低钳制速度
3736		主轴电动机的最高钳制速度
3772		各主轴的上限转速
3798#0 ALM	0	所有主轴的主轴报警（SP＊＊＊＊）是否有效

FANUC 0i Mate-D 数控系统中与串行主轴控制相关的基本信号见表 4-15。

表 4-15 与串行主轴控制相关的基本信号

信 号	含 义
<Gn070～Gn073><Gn304～Gn307> <Fn045～Fn048><Fn306～Fn307>	第 1 主轴控制单元信号
SRSP1R<Fn034.6>	主轴运行准备就绪信号
SRSRDY <F0034.7>	全主轴运行准备就绪信号
SPWRN1～SPWRN9 <Fn264.0～Fn265.0>	主轴报警详细信号

4.4.3 数控系统主轴设定与调整画面

数控系统提供了串行主轴相关参数设定页面、调整页面和主轴监控页面。如图 4-9～图 4-11 所示。主轴设定页面最多有两页，可按翻页键进入下一页，主要的主轴参数与相关参数关联，用来给用户进行主轴参数要的初始化设定。主轴调整页面根据主轴的运转方式显示不同的参数，主轴的运转方式（操作）包括：一般运转、定向控制、同步控制、刚性攻螺纹、Cs 轮廓控制和主轴定位控制（T 系列）。调整页面的优化参数也可以根据数控机床的表现进行调整。

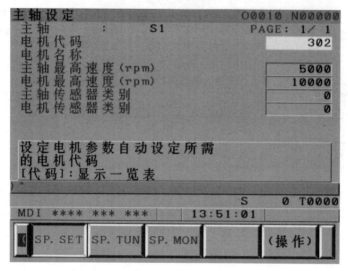

图 4-9　主轴设定页面

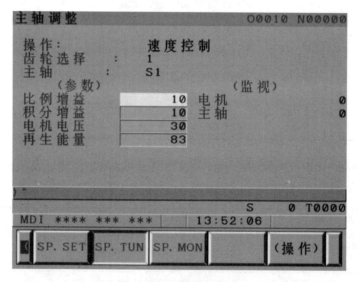

图 4-10　主轴调整页面

主轴监控页面除了提供主轴报警、操作方式信息之外，还有以下信号。

① 主轴速度：机械主轴的实际转速（主轴电动机和机械主轴之间的齿轮变速）。

② 电动机速度：主轴电动机的实际转速。

③ 柱状负载表：按 10% 单位显示，负载数值(%) =（负载表数据×负载最大输出值)/32767。

④ 输入/输出信号状态：实时的主轴在 PMC 与 CNC 之间信号的接口状态。

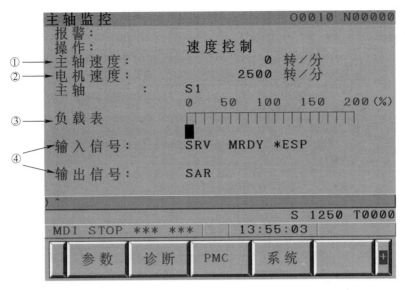

图 4-11　主轴监控页面

 工作任务报告

1. 掌握常见的主轴参数设定与调整的各项参数的含义，熟悉数控系统相关页面的操作。
2. 在主轴转动时，监测数控系统主轴相关信号值。

任务 4.5　主轴驱动系统电动机转速异常故障

任务目的　主轴驱动系统典型故障诊断与维修。

实验设备　FANUC 0i Mate-D 数控系统实训台。

实验项目　1. 主轴电动机不转动故障。

　　　　　　2. 主轴转速不正常故障。

　　　　　　3. 主轴不能反转故障。

工作过程知识

4.5.1　主轴驱动系统常见故障

数控机床主轴驱动系统发生故障时，通常有 3 种表现形式。

1）在 CRT 或操作面板上显示报警内容或报警信息。

2）在主轴驱动装置上用警告灯或数码管显示故障。

3）无任何故障报警信息。

主轴驱动系统常见故障见表 4-16。

表 4-16　主轴驱动系统常见故障

故障表现	原　因
外界干扰	屏蔽和接地措施不良时，主轴转速或反馈信号受电磁干扰，使主轴驱动出现随机和无规律的波动。判别方法：使主轴转速指令为零，再看主轴状态
过载	切削用量过大，频繁正、反转等均可引起过载报警。具体表现为电动机过热、主轴驱动装置显示过电流报警等
主轴定位抖动	主轴准停用于刀具交换、精镗退刀及齿轮换档等场合，有3种实现形式：①机械准停控制（V形槽和定位液压缸）；②磁性传感器的电气准停控制；③编码器型的准停控制（准停角度可任意） 上述准停均要经减速，减速或增益等参数设置不当、限位开关失灵、磁性传感器间隙变化或失灵等都会引起定位抖动
主轴转速与进给不匹配	当进行螺纹切削或用每转进给指令切削时，会出现停止进给，主轴仍然运转的故障。主轴有一个每转一个脉冲的反馈信号，一般为主轴编码器有问题。可查CRT报警、I/O编码器状态或用每分钟进给指令代替
转速偏离指令值	主轴实际转速超过所规定的范围时要考虑电动机过载、CNC输出没有达到与转速指令对应值、测速装置有故障、主轴驱动装置故障等因素
主轴异常噪声及振动	电气驱动（在减速过程中发生、振动周期与转速无关）；主轴机械（恒转速自由停车、振动周期与转速有关）
主轴电动机不转	CNC是否有速度信号输出；使能信号是否接通、CTR观察I/O状态、分析PLC梯形图以确定主轴的起动条件（润滑、冷却）；主轴驱动故障；主轴电动机故障

4.5.2　主轴电动机常见故障

（1）主轴电动机不转动故障可能的故障原因

1）CNC是否有速度信号输出，测量主轴系统模拟量输出、使能信号。

2）电源故障，检测主轴变频器工作电源回路、电动机电源回路。

3）数控系统参数设定故障，检测主轴驱动相关参数。

（2）主轴不能反转故障可能的故障原因

1）电气线路故障，检测正转、反转控制回路。

2）变频器参数设定故障，检测控制单元正转、反转设定参数。

（3）主轴转速不正常故障可能的故障原因

1）系统电源故障，电源断相或相序不对。

2）变频器参数设定故障，检测变频器电源频率开关设定和主轴电动机最高旋转速度。

3）数控系统参数设定故障，检测数控系统主轴控制增益参数。

工作任务报告

1. 在实训数控机床上，根据故障分析提示，按表4-17完成故障诊断报告。

表 4-17　故障诊断报告

故障名称	故障原因	相关参数	故障值	更改值	相关电路图
1. 主轴电动机不转动故障	1）CNC信号故障				
	2）控制回路电气故障				
	3）数控系统参数故障				

（续）

故 障 名 称	故 障 原 因	相 关 参 数	故障值	更改值	相关电路图
2. 主轴不能反转故障	1）电气线路故障				
	2）变频器参数设定故障				
3. 主轴转速不正常故障	1）系统电源故障				
	2）变频器参数设定故障				
	3）数控系统参数设定故障				

2. 如果在主轴驱动系统安装编码器，它的作用有哪些？

3. 查看实训数控机床，主轴驱动系统中有哪些输入/输出开关量，分别起到的作用是什么？

项目 **5**

FANUC PMC系统的调试与维修诊断

 学习目的

FANUC PMC 实现数控系统与机床本体之间的信息交换，如机床主轴的正/反转与起停、工件的夹紧与松开、液压与气动、切削液开/关、润滑等辅助工作的顺序控制。需要掌握 FANUC PMC 的系统配置、各种 I/O 单元及模块的地址分配方法、机床操作面板强电柜和 PMC 之间的信号连接、PMC 和 CNC 之间的信号连接、PMC 的参数梯形图编辑软件、CRT 上如何显示信号的 ON/OFF 状态的时序图以及外部 I/O 设备输入/输出 PMC 参数的方法。

任务 5.1   FANUC 系统 PMC 画面操作

任务目的   熟悉 FANUC PMC 画面的操作与应用。
实验设备   FANUC 0i Mate-D 数控系统实训台。
实验项目   1. FANUC PMC 数据状态、梯形图在线监控界面的操作。
　　　　　　　 2. FANUC PMC 诊断与维护画面的操作与作用。

 工作过程知识

5.1.1   FANUC PMC

PMC（Programmable Machine Controller）是 FANUC 数控系统针对数控机床使用的 PLC 所提出的概念，就是利用内置在 CNC 的 PLC（Programmable Logic Controller）执行机床的顺序控制（主轴旋转、换刀、机床操作面板的控制等）的可编程机床控制器。

5.1.2   FANUC PMC 各操作画面

通过查看 FANUC PMC 的操作画面，可以实现对梯形图进行监控、查看各地址状态、地址状态的跟踪以及参数（T/C/K/D）的设定等功能。FANUC PMC 的诊断与维护画面可以进行监控 PMC 的信号状态，确认 PMC 的报警，设定和显示可变定时器、计数器值，保持继电器、数据表、输入/输出数据，显示 I/O Link 连接状态以及信号跟踪等操作。

1. PMC 切换操作条

按 FANUC 0*i* Mate-D 中的"SYSTEM"键，进入系统参数画面，连续按向右扩展菜单 3 次进入如图 5-1 所示的 PMC 操作切换条。

| PMCMNT | PMCLAD | PMCCNF | PM. MGR | （操作） | + |

图 5-1　PMC 操作切换条

（1）按"PMCMNT"键进入 PMC 的信号监控状态

PMC 的信号监控画面如图 5-2 所示。以位模式 0 或 1 显示程序中指定的地址内容，最右边每个字节以十六进制或十进制数字显示，可以显示 AXYGFDKTCE 在内的所有信号状态。在附加信息行中，显示光标所在地址的符号和注释。光标对准在字节单位上时，显示字节符号和注释。在画面中按"操作"软键，输入希望显示的地址后，按"搜索"软键查找信号，按"十六进制"软键进行十六进制与十进制切换。要改变信号状态时，按"强制"软键，进入强制设定开/关画面。

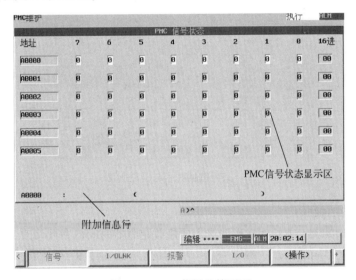

图 5-2　PMC 信号监控画面

（2）显示 I/O Link 连接状态画面

I/O Link 显示画面如图 5-3 所示，按照"组"的顺序显示 I/O Link 上所连接的 I/O 单元种类和 ID 代码。按"操作"软键，按"前通道"软键，显示上一个通道的连接状态；按"次通道"软键显示下一个通道的连接状态。

（3）PMC 报警画面

PMC 报警画面如图 5-4 所示。主显示区显示在 PMC 中发生的报警信息。当报警信息较多时会显示多页，这时需要用翻页键来翻到下一页。

（4）PMC 数据输入与输出画面

PMC 数据输入与输出画面如图 5-5 所示。在该画面上，顺序程序、PMC 参数以及各种语言信息数据可被写入到指定的装置内，并可以从指定的装置内读出和核对。可以输入／输出的设备有 CF 存储卡、FLASH ROM、RS-232 和其他。

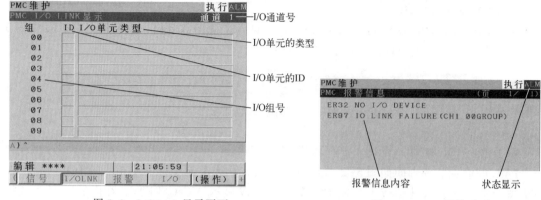

图 5-3　I/O Link 显示画面　　　　　　　　图 5-4　PMC 报警画面

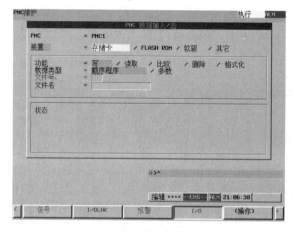

图 5-5　数据输入与输出画面

（5）定时器显示画面

定时器显示画面如图 5-6 所示。程序中需要修改定时器时间可在此修改，精度类型有 1 ms、10 ms、100 ms、1 s、1 min 等。一般 1~8 号定时器设为 48 ms，9~40 号定时器设为 8 ms。

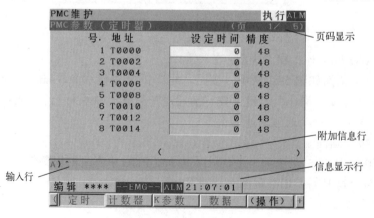

图 5-6　定时器显示画面

（6）计数器显示画面

计数器显示画面如图5-7所示。程序中需要修改计数器的值可在此修改，设置时注意页面提示的设定值和现在值参数，最大值为32767。

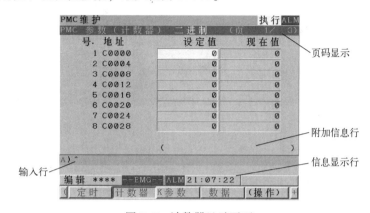

图5-7 计数器显示画面

（7）K参数显示画面

K参数显示画面如图5-8所示。程序中需要修改保持继电器的值可在此修改，FANUC 0i Mate-D系统中，K0~K19用户可以自行定义使用，K900~K999具有特殊含义，用户不可随意更改。

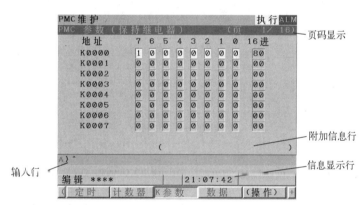

图5-8 K参数显示画面

（8）D参数显示画面

D参数显示画面如图5-9所示。程序中需要修改数据表内容可在此修改。"型"指的是数据表数据的长度：0表示字节；1表示两字节；2表示四字节；3表示位。"数据"指的是数据的值。

2. 梯形图监控与编辑画面

要进入梯形图监控与编辑画面可以通过按"PMCLAD"键，如图5-10所示，在该画面下可以进行梯形图的编辑与监控以及梯形图双线圈的检查等内容。

（1）梯形图状态画面

按"PMCLAD"键进入PMC梯形图状态画面，该画面主要是显示梯形图的结构等内容，如图 5-11 所示。在 PMC 程序列表一览中，带有"锁"标记表示不可以查看且不可以修改；带有"放大镜"标记表示可以查看，但不可以编辑；带有"铅笔"标记表示可以查看，也可以修改。

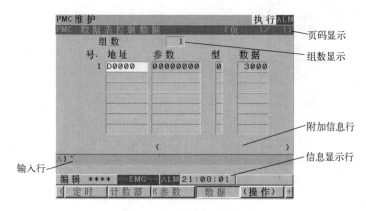

图 5-9　D 参数显示画面

图 5-10　进入梯形图监控与编辑画面

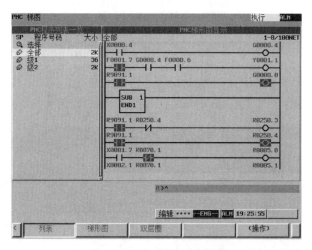

图 5-11　梯形图状态画面

（2）梯形图监控画面

在 SP 区选择梯形图文件后，按"梯形图"软键就可以显示梯形图的监控画面，如图 5-12 所示，在画面中可以观察梯形图各状态的情况。根据信号的状态，触点和线圈的形状和颜色会发生变化。

（3）梯形图搜索触点或线圈

FANUC PMC 可以在屏幕上显示指定的触点或线圈。各功能软键作用如图 5-13 所示。

"SEARCH"：输入要搜索的地址或信号名，选择"SEARCH"软键，则从当前屏幕最顶端开始搜索，搜索完再从梯形图开头再次搜索到执行检索的当前行。

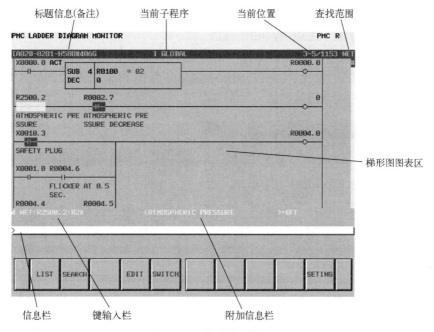

图 5-12　梯形图监控画面

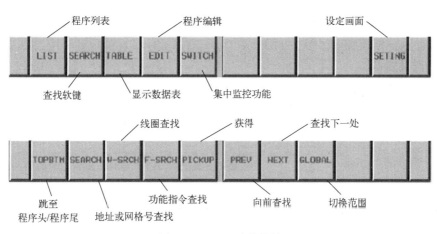

图 5-13　PMC 功能软键

"W-SRCH"：搜索指定的继电器线圈。输入要搜索的地址或信号名，选择"W-SRCH"软键，则开始搜索并显示在当前屏幕上。

"F-SRCH"：搜索指定的指令名、功能号。输入要搜索的指令名或功能号，选择"F-SRCH"软键，则开始搜索并显示在当前屏幕上。

3. 进入梯形图配置画面

梯形图配置画面可通过按"PMCCNF"键进入，如图 5-14 所示，该画面分为标头、设定、PMC 状态、SYS 参数、模块、符号、信息、在线和一个操作软键。

图 5-14　进入梯形图配置画面

（1）PMC 标头数据画面

如图 5-15 所示用于显示 PMC 程序的信息。

（2）PMC 设定画面

PMC 设定画面如图 5-16 所示，用于调试、编辑和保护 PMC 程序，调试人员可以通过设置保证 PMC 梯形图的正常运转。

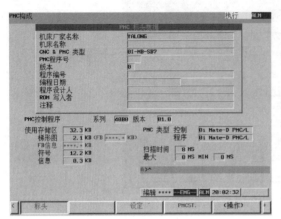

图 5-15 PMC 程序信息

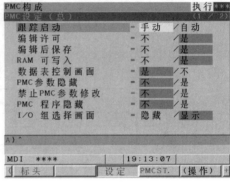

图 5-16 PMC 设定画面

（3）地址模块画面

I/O Link 地址模块画面如图 5-17 所示，用于设置 I/O 模块的地址分配，以及手摇脉冲器的地址分配及连接。

（4）符号画面

符号画面如图 5-18 所示，用于显示和编辑 PMC 程序中用到的符号的地址与注释等信息。

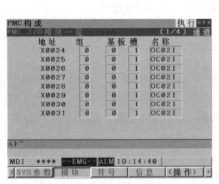

图 5-17 地址模块画面

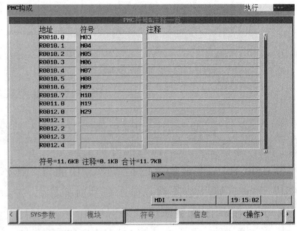

图 5-18 符号画面

（5）在线监测参数画面

在线监测参数画面如图 5-19 所示，用于 RS-232C 接口在线监测 PMC 参数设定。在线监测设定画面用于设定数控系统与 PC 端梯形图软件的在线传输，完成梯形图的在线监测、调试与上传/下载。

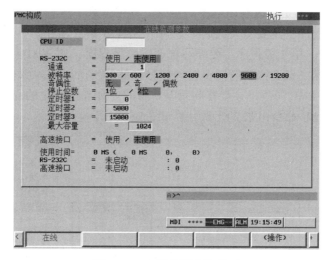

图5-19　在线监测参数画面

 工作任务报告

在实训数控机床上使用和操作 FANUC PMC 画面。

任务 5.2　FANUC PMC 地址分配与顺序程序编写

任务目的　1. 理解 FANUC PMC 接口定义与工作原理。

2. 分配 I/O 地址。

3. 使用 PMC 顺序程序指令编程。

实验设备　FANUC 0i Mate-D 数控系统实训台。

实验项目　1. FANUC PMC I/O Link 接口与电气连接。

2. FANUC PMC I/O 的地址分配。

3. FANUC PMC 程序编写。

工作过程知识

5.2.1　FANUC PMC 2 级顺序程序

　　PMC 处理机床的顺序控制包括：机床的开机、停机；主轴的起动、停止；加工的开始、结束、中停；润滑、冷却的开、关；工件的夹紧与松开；换刀机械手找刀、换刀；工作台交换；液压与气动、切削液开/关、润滑等辅助工作的控制，都是由接触器、继电器执行的。这些动作的控制信号相互间都有一定的顺序或时序，相互之间或有互锁关系。

　　此外，当 CNC 一起动，PMC 程序即运行，在 CNC 执行加工程序时，PMC 与加工程序并行运行。PMC 时刻扫描机床或机床操作者的输入信号和强电柜控制信号的执行结果，执行机床上的各种辅助动作，在加工程序中需要编制控制指令：M（辅助功能）、S（主轴）、

T（换刀）、B（第二辅助功能）。

FANUC PMC 采用的是 2 级顺序程序的构架。其中，第 1 级程序如图 5-20 所示，是每隔 8 ms 进行读取的程序，主要处理急停、跳转、超程等紧急动作。不使用第 1 级程序时，也要编写 END1 命令。第 2 级程序主要编写普通的顺序程序，如 ATC（自动换刀装置）、切削液的开/关等。在第 2 级上因为有同步输入信号存储器，所以输入脉冲信号时，其信号宽度应大于扫描时间。PMC 子程序主要是将重复执行的处理和模块化的程序作为子程序登录，然后用 CALL 或 CALLU 命令由第 2 级调用，如图 5-21 所示。

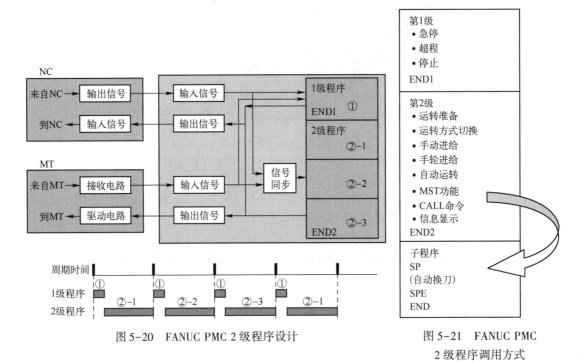

图 5-20　FANUC PMC 2 级程序设计

图 5-21　FANUC PMC
2 级程序调用方式

5.2.2　FANUC PMC 信号通道

PMC 的构成主要有 3 部分：①PMC 顺序程序——通过 PMC 程序控制 CNC 与机床 I/O 接口的输入/输出信号；②机床 I/O 接口电路——接收和发送机床输入和输出的开关信号或模拟信号，是 PMC 信号输入/输出的硬件载体；③电气执行元件——电磁阀、接近开关、按钮和传感器等。

FANUC PMC 信号通道是连接 FANUC CNC 数控系统、FANUC PMC、数控机床本体的地址定义，是信息传递和控制的通道。FANUC PMC 信号通道如图 5-22 所示，向 PMC 输入的信号有从 NC 来的输入信号（M 功能、T 功能信号），也有从机床来的输入信号（循环起动、进给暂停信号等）；从 PMC 输出的信号有向 NC 的输出信号（循环起动、进给暂停信号等），也有向机床输出的信号（刀架回转、主轴停止等）。

X 信号是来自机床侧（如接近开关、极限开关、压力开关、操作按钮等输入信号元件）的输入信号。PMC 接收从机床侧各装置反馈来的输入信号，在控制程序中进行逻辑运算，作为机床动作的条件及对外围设备进行诊断的依据。

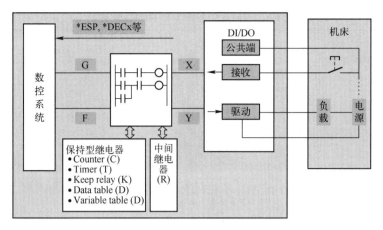

图 5-22　FANUC PMC 信号通道

Y 信号是由 PMC 输出到机床侧的信号。在 PMC 控制程序中，根据自动控制的要求，输出信号控制机床侧的电磁阀、接触器、信号灯动作，满足机床运行的需要。

F 信号是伺服电动机与主轴电动机输入到 PMC 的信号，CNC 数控系统将伺服电动机和主轴电动机的状态，以及请求相关机床动作的信号（如移动中信号、位置检测信号、系统准备完成信号等）反馈到 PMC 中去进行逻辑运算，作为机床动作的条件及进行自诊断的依据。

G 信号是由 PMC 侧输出到 CNC 数控系统部分的信号，对数控系统部分进行控制和信息反馈（如轴互锁信号、M 代码执行完毕信号等）。其他常用的信号见表 5-1。

表 5-1　FANUC PMC 常用的信号

字　符	信 号 说 明	字　符	信 号 说 明
X	输入信号（MT-PMC）	A	信息请求信号
Y	输出信号（MT-PMC）	C	计数器
F	输入信号（NC-PMC）	K	保持继电器
G	输出信号（NC-PMC）	D	数据表
R	内部继电器	T	可变定时器
R	系统继电器	L	标签
E	扩展继电器	P	子程序

在实际工作中，接近开关、液压阀和传感器安装在机床工作台附近，容易油水被侵蚀，造成元器件损坏，甚至外电路短路。另外，加工中心机械手的换刀机构上接近开关多，机械手换刀动作频繁，容易产生换刀不到位、信号不触发、程序等待直至报警等。这些故障最终反映在 PMC 接口电路上，所以 X、Y 信号接口电路故障是实际生产中占很大比例的故障。

5.2.3　FANUC PMC I/O 接口装置类型

FANUC 系统数控机床根据输入/输出信号点数（机床操作盘用、机床限位开关等）选择合适的 I/O 接口装置类型，见表 5-2。

表 5-2　FANUC 系统 I/O 接口装置类型

装 置 名	概 要 说 明	手摇脉冲 发生器 IF	信号点数 输入/输出
分线盘 I/O 模块	一种分散型的 I/O 模块，能适应机床强电 电路输入/输出信号任意组合的要求 	有（3 台）	最大 96/64
操作盘用 I/O 模块	带有机床操作盘接口的装置，可适应强电 回路对输入/输出信号的要求，带有手摇脉冲 发生器的接口 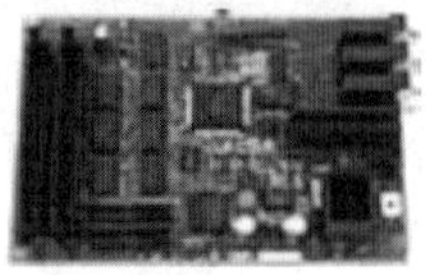		最大 48/32
FANUC I/O Unit-MODEL A	一种模块结构的 I/O 装置，能适应机床强 电回路输入/输出信号任意组合的要求 	无	最大 256/256
FANUC I/O Unit-MODEL B	一种分散型的 I/O 模块，能适应机床强电 回路输入/输出信号任意组合的要求	无	最大 224/256
新机床操作盘	是装在机床操作盘上，带有矩阵排列的键 开关和 LED 及手摇脉冲发生器接口的装置， 可随意组合键帽 	有（3 台）	最大 256/256
伺服装置 β 系列 SVU （带 I/O Link）	用 I/O Link 连接 CNC 后控制伺服电动机的 装置 	无	—

5.2.4　FANUC PMC I/O LINK 模块的连接

FANUC PMC I/O Link 使用串行总线通信，如图 5-23 所示，将 CNC 控制器、分布式 I/O 模块、机床操作面板连接起来。FANUC 0*i* Mate-D 系列数控系统中，I/O Link 接口 JD51A 插座位于系统主板上，一个 I/O Link 接口（主控器）最多可连接 16 组从控装置（从控器)。用来连接 I/O Link 的两个插座分别称作 JD1A 和 JD1B，电缆总是从一个单元的 JD1A 连接到下一单元的 JD1B。PMC 程序可以对 I/O 信号的分配和地址进行设定，I/O 点数最多可达 1024/1024 点。

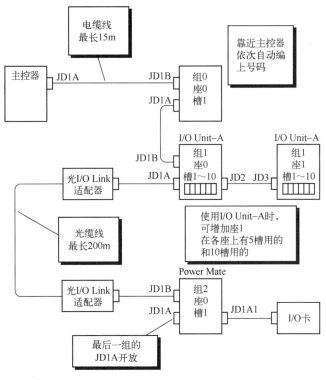

图 5-23　I/O Link 总线连接图

FANUC 0i Mate-D 数控系统的 I/O 信号、手轮脉冲信号都连在 I/O Link 接口上，在 PMC 梯形图编辑之前要进行 I/O 模块的设置（地址分配），同时也要考虑到手轮的连接位置。当使用 0i-D 系统用 I/O 模块且不连接其他模块时，可以设置如下：X 从 X0 开始设置为 0.0.1；Y 从 Y0 开始设置为 0.0.1，如图 5-24 所示。

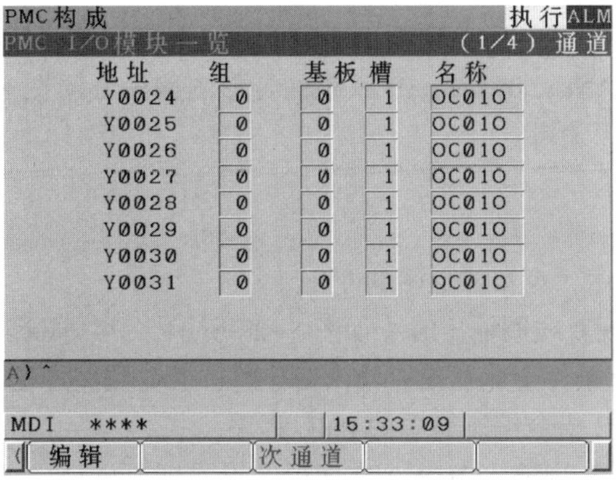

图 5-24　PMC 地址分配

I/O Link 地址分配原则如下。

1）地址规则：多个 I/O 模块根据需要进行分组，离 CNC 最近的为 0 组，以此类推，最多可以连接 16 个组；每组可以连接 2 个 I/O 基本单元，第一个基本单元基座号为 0，第二基本单元基座号为 1；I/O 基本单元上的每一个位置用槽号表示，每个 I/O 基本单元中从左到右的槽号为 1，2，3，…。

2）连接手轮的手轮模块必须为 16 字节，且手轮连在离系统最近的一个 16 字节大小的模块的 JA3 接口上。对于此 16 字节模块，Xm+0~Xm+11 用于输入点，即使实际没有那么多点，但为了连接手轮也需要如此分配。Xm+12~Xm+14 用于 3 个手轮的输入信号。若只连接一个手轮时，旋转手轮就可以看到 Xm+12 中的信号在变化。Xm+15 用于输入信号的报警。

3）各 I/O Link 模块都有一个独立的名字，在进行地址设定时，不仅需要指定地址，还需要指定硬件模块的名字。如图 5-25 所示，OC02I 为模块的名字，它表示该模块的大小为 16 字节（如果是 OC01I 表示该模块的大小为 12 字节；/8 表示该模块有 8 个字节），在模块名称前的 "0.0.1" 表示硬件连接的组、基板、槽的位置。

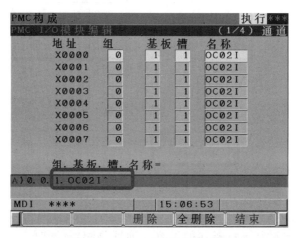

图 5-25　PMC 系统侧地址设定

4）在模块分配完毕后，要注意保存，当机床断电再通电时，分配的地址才能生效。同时注意 I/O 模块要优先于 CNC 系统通电，否则 CNC 系统通电时无法检测到 I/O 模块。

5）地址设定的操作既可以在系统画面上完成，也可以在 FANUC LADDER-III 软件中完成，如图 5-26 所示。FANUC 0i Mate-D 系统的梯形图编辑必须在 FANUC LADDER-III 5.7 版本或以上版本中才可以编辑。

工作任务报告

1. 在线编辑如下程序，观察梯形图的变化。

1）PMC 程序中出现双线圈输出时，如图 5-27 所示，其线圈状态如何？请仔细观察。

2）当程序中输入有条件变化而没有输出变化时，会是哪些原因导致的？

2. 使用 FANUC PMC 指令编制简单的 PMC 程序。

1）编制一个程序，实现输入 M 指令在面板的指示灯上显示。

2）编制一个程序，实现输入 T 指令在面板的指示灯上显示。

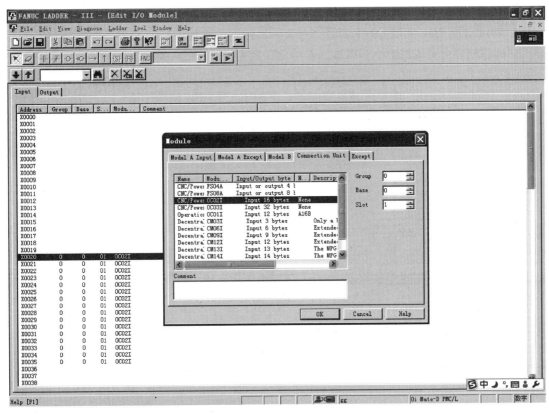

图 5-26 FANUC LADDER-III 软件地址设定

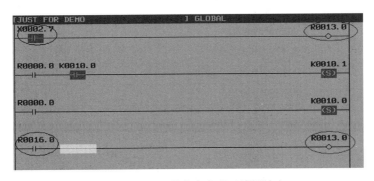

图 5-27 PMC 程序中出现双线圈输出

3）编制一个程序，实现切削液的控制（手动控制、执行 M 指令控制两种方式）。

4）编制一个回零程序，要求如下：

① 单步 X—灯亮、Y—灯亮、Z—灯亮。

② 按一个按钮自动实现 X、Y、Z 依次完成亮灯。

5）编制一个程序，实现当 X、Y、Z 移动时，对应的灯亮。

6）编制一个润滑控制的 PMC 程序，要求如下：

① 从起动机床开始，15 s 润滑。

② 15 s 润滑后停止 25 min。

③ 润滑 15 s 后未达到压力报警。

④ 停止 25 min 后压力未下降报警。

3. 辅助功能 PMC 实现：比较如图 5-28 所示的用两种辅助功能完成的编程法之间的差异，估计它们将会造成的影响，以加深对辅助功能完成时序的理解。

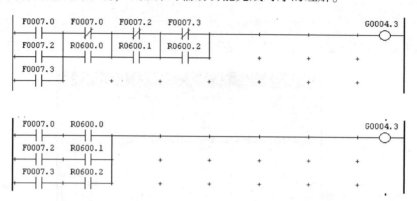

R600.0:M码完成汇总，R600.1:S功能完成，R600.2:T功能完成

图 5-28　两种辅助功能完成的编程法

4. 查数控系统维修说明书，按表 5-3 列出以下重要数控机床控制信号的地址与含义。

表 5-3　重要数控机床控制信号的地址与含义

功　能	信 号 名 称	信 号 地 址	含　义
急停信号	急停		
	复位		
	正反向限位信号		
	正反向减速信号		
操作模式	机床工作方式选择信号		
	面板钥匙保护		
速度倍率	切削倍率		
	手动倍率		
	快速倍率		
	主轴倍率		
运行信号	循环起动		
	循环停止		
	单段运行		
	空运行		
MST 信号	M 功能代码		
	M 功能选通		
	主轴急停		
	主轴停止		
	主轴正/反转		
	机床准备好信号		

（续）

功　能	信号名称	信号地址	含　义
报警信号	伺服准备好信号		
	系统报警		
	主轴报警		

任务 5.3　FANUC 数控系统 PMC 参数设定

任务目的　应用 FANUC 数控系统 PMC 诊断与维护画面。

实验设备　FANUC 0i Mate-D 数控系统实训台。

实验项目　根据用户要求完成 FANUC 数控系统 PMC 诊断与维护画面的设定。

 工作过程知识

5.3.1　PMC 诊断画面参数设定

FANUC 数控系统提供 PMC 诊断画面设定功能，如图 5-29 所示。维修人员灵活使用内置 PMC 编程器的各项功能，既可用于调试 PMC 程序，又可保护 PMC 程序不易被修改。

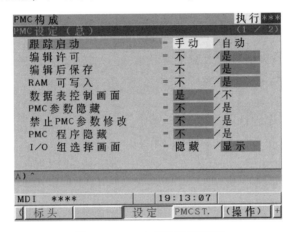

图 5-29　PMC 参数设定画面

图 5-29 所示的各项目说明如下。

1. 跟踪启动

手动：按下"EXEC"软键执行追踪功能。

自动：系统通电后自动执行追踪功能。

2. 编辑许可

不：禁止编辑顺序程序。

是：允许编辑顺序程序。

3. 编辑后保存

不：编辑顺序程序后不会自动写入 FLASH ROM。

是：编辑顺序程序后自动写入 FLASH ROM。

4. RAM 可写入

不：禁止强制功能。

是：允许强制功能。

5. 数据表控制画面

是：显示 PMC 数据表管理画面。

不：不显示 PMC 数据表管理画面。

6. PMC 参数隐藏

不：允许显示 PMC 参数（仅当 EDIT ENABLE＝0 时有效）。

是：禁止显示 PMC 参数（仅当 EDIT ENABLE＝0 时有效）。

7. 禁止 PMC 参数修改

不：允许 PMC 参数修改（仅当 EDIT ENABLE＝0 时有效）。

是：禁止 PMC 参数修改（仅当 EDIT ENABLE＝0 时有效）。

8. PMC 程序隐藏

不：允许显示梯形图。

是：禁止显示梯形图。

9. I/O 组选择画面

隐藏：不显示 I/O 组画面。

显示：显示 I/O 组画面。

10. 梯形图开始

自动：系统通电后自动执行顺序程序。

手动：按"RUN"软键后执行顺序程序。

11. 允许 PMC 停止

不：禁止对 PMC 程序进行 RUN/STOP 操作。

是：允许对 PMC 程序进行 RUN/STOP 操作。

12. 编程功能使能

不：禁止内置编程功能。

是：允许内置编程功能。

对于以上功能的设置案例如下。

1）如果要完全禁止操作者处理梯形图，可设置如下。

编程器有效：NO

隐藏 PMC 程序：YES

编辑有效：NO

允许 PMC 停止：NO

2）如果允许操作者在需要停止梯形图下监控和编辑梯形图，可设置如下。

编程器有效：NO

隐藏 PMC 程序：NO

编辑有效：YES

允许 PMC 停止：YES

5.3.2 PMC 梯形图监控画面参数设定

梯形图监控画面如图 5-30 所示，可显示触点和线圈的 ON/OFF 状态，以及功能指令的参数所定义的地址的内容。按 "SETTING" 软键，梯形图监控参数设定画面，如图 5-31 所示，包括设定项目如下。

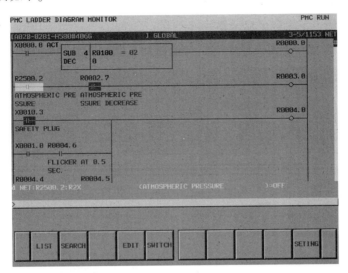

图 5-30　梯形图监控画面

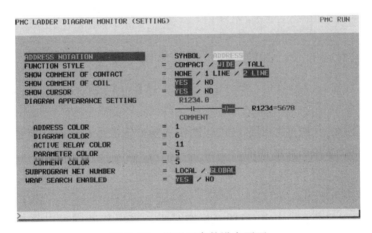

图 5-31　梯形图参数设定画面

1. ADDRESS NOTATION（地址符号）

用于指定梯形图中的位地址和字节地址是使用与之对应的符号显示，还是由它们本身来显示。

SYMBOL（符号）：有符号的地址用符号显示，没有符号的地址用它们本身来显示。

ADDRESS（default）地址（默认）：即使有符号，所有的地址也用它们本身来显示。

2. FUNCTION STYLE（功能指令格式）

改变功能指令的外形，有如下 3 种选择，用户必须选择除 "紧凑型" 以外的格式来显示功能指令参数地址的值。

1）COMPACT（紧凑型）：在梯形图中占用的空间最小，参数地址当前值的监控被忽略。

2）WIDE（default）宽型（默认）：扩展了方格横向的宽度，以给参数地址的当前值预留空间。

3）TALL（高）：扩展了方格纵向的高度，以给参数地址的当前值预留空间。

3. 显示触点的注释

用于改变每个触点下注释的显示格式。

NONE（无）：在触点下无注释显示。在这种方式下，更多的触点由于注释的空出被显示在画面上。

1 LINE（1行）：在每个触点下显示1行具有15个半字符型字符，根据每个注释中字符的个数，每个触点的宽度和触点的个数在画面上的显示也会不同。

2 LINES（2行）（默认）：在每个触点下显示每行具有15个半字符型字符的2行字符，根据每个注释中字符的个数，触点的宽度、注释的行数和触点的个数在画面上的显示也会不同。

4. 显示线圈的注释

定义是否显示线圈注释，如图5-32所示。

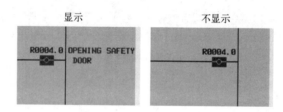

图5-32　是否显示线圈的注释

YES（default）显示（默认）：右边14个字符大小的区域作为线圈的注释预留，可以进行设定。

NO（无）：右边的区域通常用来增加线圈扩展梯形图，取代线圈注释的显示。在这种选择下，画面位置栏通常显示在画面的右边缘。

5. 显示光标

用于定义是否显示光标。

YES（default）显示（默认）：表明光标被显示。光标移动键可以移动光标。当光标停留在位或字节地址上时，地址的信息显示在"附加信息栏"。在光标要显示的情况下，若查找目标时，则光标会直接停留在查找到的目标上。

NO（无）：光标没有显示。上/下光标移动键将直接对画面进行翻页。在光标隐藏的情况下查找目标时，含有目标的网格就会显示在画面的顶部。

6. 梯形图外观设定

用于设定梯形图如何显示。可以设定梯形图中行、继电器、符号、注释以及功能指令参数的颜色。符号、触点接通、触点断开、功能指令参数和注释的监控显示。

ADDRESS COLOR（地址颜色）：用于设定符号和地址的颜色。输入一个数字或使用左/右光标键来增大或减小数字。用户可以从0~13共14个数字中选择一个来定义。

DIAGRAM COLOR（梯形图颜色）：用于设定整个梯形图的颜色。

ACTIVE RELAY COLOR（继电器接通颜色）：用于设定继电器接通时的颜色。继电器断开时的颜色和梯形图的颜色相同。

PARAMETER COLOR（功能指令参数颜色）：用于设定功能指令参数监控显示的颜色。当功能指令的显示格式设定了"紧凑型"以外的格式时，监控画面才会显示。

COMMENT COLOR（注释颜色）：用于设定注释的颜色。

7. 子程序网格号

用于定义一个网格号是从当前子程序头局部开始计算，还是从整个程序头全部开始计算。这个设定将影响查找网格号时一个网格号的表示。

LOCAL（局部）：网格号从当前子程序的第1网格开始计算。网格号只能在当前子程序中定义。网格号信息在画面右上部以"显示范围/在子程序中的网格号"格式显示。

GLOBAL（default）全部（默认）：网格号从第1级程序的第1网格开始计算。网格号在整个程序中被唯一定义。网格号信息在画面右上部以"显示范围/子程序范围网格号"格式显示。

8. 往复查找有效

用于允许查找过程从顶部/底部到底部/顶部往复连续查找，如图5-33所示。

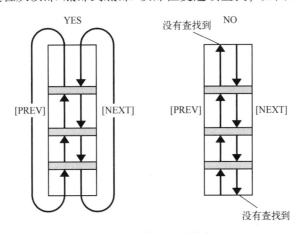

图5-33　往复查找设定

YES（default）允许（默认）：当检查到程序底部的时候，继续反向从程序的顶部向下查找。当检查到程序顶部的时候，继续反向从程序的底部向上查找。

NO（否）：当到达顶部或底部，且一个错误信息出现在信息栏时，查找失败。

工作任务报告

1. 根据要求设定PMC参数，进行梯形图监控设定。

1）如果只允许操作者监控梯形图，可设置为：

编程器有效（PMC-SB7：K900.1，PMC-SA1：K17.1）　　　" "

隐藏PMC程序（PMC-SB7：K900.0，PMC-SA1：K17.0）" "

编辑有效（PMC-SB7：K901.6，PMC-SA1：K18.6）　　　" "

允许PMC停止（PMC-SB7：K902.2，PMC-SA1：K19.2）" "

2）如果允许操作者监控和编辑梯形图，可设置为：

编程器有效（PMC-SB7：K900.1，PMC-SA1：K17.1）　　　" "

隐藏 PMC 程序（PMC-SB7：K900.0，PMC-SA1：K17.0）" "

编辑有效（PMC-SB7：K901.6，PMC-SA1：K18.6）　　　　" "

允许 PMC 停止（PMC-SB7：K902.2，PMC-SA1：K19.2）" "

任务 5.4　FANUC LADDER-Ⅲ 软件的使用

任务目的　1. 操作 FANUC LADDER-Ⅲ 软件。

　　　　　　2. 应用 FANUC LADDER-Ⅲ 软件在线监测功能。

实验设备　FANUC 0i Mate-D 数控系统实训台。

实验项目　1. 使用 FANUC LADDER-Ⅲ 软件编辑、调试梯形图（离线功能）。

　　　　　　2. 使用 FANUC LADDER-Ⅲ 软件在线联机调试机床功能（在线功能）。

 工作过程知识

5.4.1　FANUC LADDER-Ⅲ 软件

　　FANUC LADDER-Ⅲ 软件是一套编制 FANUC PMC 顺序程序的编程系统，该软件在 Windows 操作系统下运行，其主要功能如下。

　　1）输入、编辑、显示、输出 PMC 程序。

　　2）监控、调试顺序程序，在线监控梯形图、PMC 状态、显示信号状态和报警信息等。

　　3）显示并设置 PMC 参数。

　　4）执行或停止顺序程序。

　　5）将顺序程序导入 PMC 或将顺序程序从 PMC 导出。

　　该软件最新的版本为 5.7，该版本可以进行 0i Mate-D 系列 PMC 的程序编制，软件安装同普通的 Windows 软件安装过程基本相同。若是安装 5.7 版本的升级包，则在安装的过程中，软件会自动卸载以前的版本后再进行安装。单击"Setup Start"图标就可以进行安装，安装界面如图 5-34 所示。

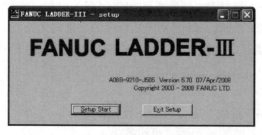

图 5-34　软件安装界面

5.4.2　FANUC LADDER-Ⅲ 软件的操作

　　对于一个简单梯形图程序的编制，通过 PMC 类型的选择、程序编辑和编译等几步即可完成。完整的程序还包含标头、I/O 地址、注释和报警信息等。具体操作界面如图 5-35 所示。

1. PMC 类型的选择

对于 0i Mate-D 数控系统 PMC 程序的编辑，一般包含以下步骤，首先在"开始"菜单中启动软件，然后单击"新建"按钮，选择 PMC 程序的类型，如图 5-36 所示。

图 5-35　FANUC LADDER-III 软件操作界面图

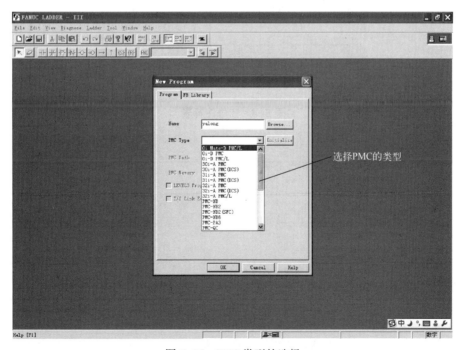

图 5-36　PMC 类型的选择

2. 信号定义与地址分配

双击"Program list"窗口下的"I/O Module"菜单，定义 I/O 信号地址、符号，编辑信号注释，分配 I/O Link 地址等，如图 5-37、图 5-38 所示。信号注释表见表 5-4。

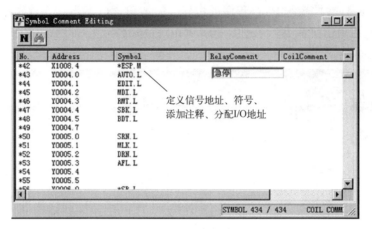

图 5-37 信号定义窗口

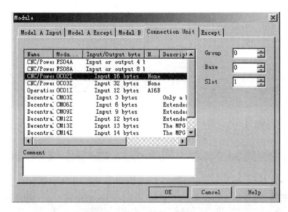

图 5-38 地址设定模块

表 5-4 信号注释表

名　称	功　能	显　示　例
符号	附加在接点、线圈等上面，取代 PMC 地址而使用的字符串	INPUT
继电器注释	附加在接点和线圈上，说明 PMC 地址的内容的字符串	X0.0　Y0.0　DOOR INTERLOCK　WARNING LAMP
线圈注释	附加在线圈上，说明线圈内容的字符串	Y0.0　COIL COMMENT

3. 在软件编辑区进行程序行添加与子程序的编辑

首先选择编辑 LEVEL1、LEVEL2 程序，即一级程序、二级程序，如图 5-39 所示。在主菜单"编辑"选项中选择要插入的梯形图指令并将其添加至编辑区（如图 5-40，图 5-41

所示）。如果要添加子程序，则右键单击程序，在弹出的快捷菜单中，选择"Add sub-program"下的"子程序"选项，如图5-42所示。

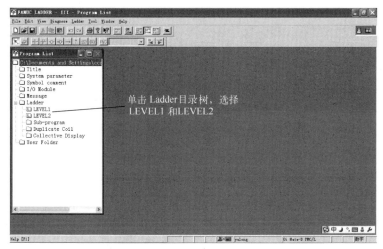

图5-39 一级、二级程序编辑

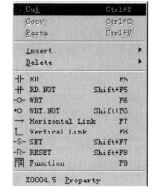

图5-40 右键添加
程序行及符号

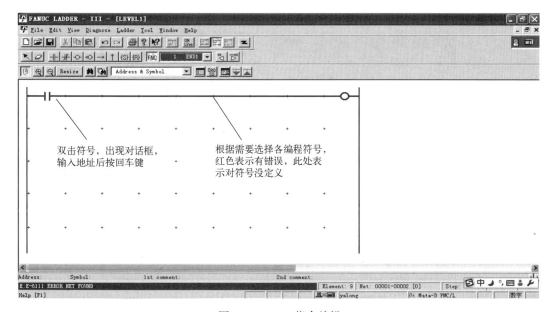

图5-41 PMC指令编辑

4. 梯形图搜索功能

单击"望远镜"搜索功能，弹出如图5-43所示对话框，可搜索类型包括地址/符号、功能指令，通过搜索功能，可快速编辑、检查梯形图。

5. 对编辑的梯形图内容进行编译

单击"Tool"→"Compile"对程序完成编译，如图5-44所示。

6. 梯形图程序输出

对编译好的顺序程序进行输出，转化为系统可以识别的文件。单击"File"→"Export"，如图 5-45 所示，可以输出不同形式的文件，见表 5-5。

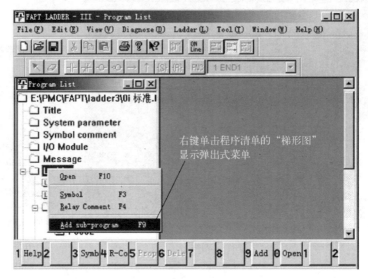

图 5-42 添加子程序

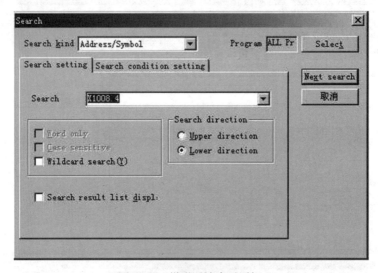

图 5-43 梯形图搜索对话框

表 5-5 输入/输出形式

文件的种类	用　　途
FAPT	LADDER-Ⅲ
存储卡形式	处理存储卡形式。可用 PMC 的 I/O 画面或 BOOT 进行处理
Handy file 形式	处理便携软盘机形式。可用 PMC 的 I/O 画面进行处理
用户文件	处理现在打开的顺序程序的用户文件夹（MyFladder）中的文件

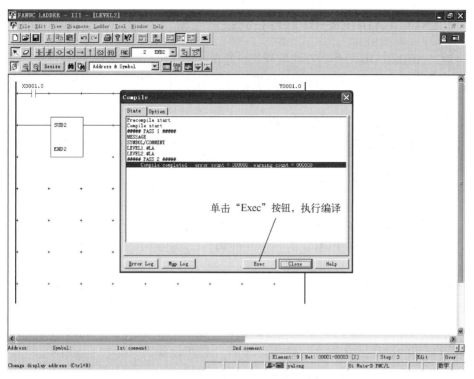

图5-44 梯形图的编译

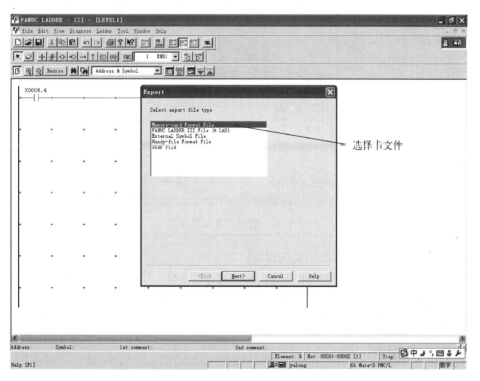

图5-45 梯形图文件导出

5.4.3 FANUC LADDER-Ⅲ 软件在线联机监测

FANUC LADDER-Ⅲ 可作为在线监视器，其在线功能包括：顺序程序的监视、顺序程序的在线编辑、诊断（信号状态显示、扫描、报警显示等）和写入 FROM，具体操作步骤如下。

1）用 RS-232C 电缆连接 PC 和 PMC（CNC）。

2）编辑器方式处于离线时，单击选项栏的"梯形图"→"离线/在线"，切换到在线方式。

设定 CNC 侧的 RS-232C 口，使其能够用于在线监视，具体步骤如下。

1）把 CNC 置于紧急停机状态或 MDI 方式。

2）在 CNC 的 SETTING 画面上把"写入参数"置 1。

3）在 PMC 参数（PMCPRM）的设定（SETTING）画面上，把"编程器有效"（PRO-GRAMMER ENABLE）置 1。

4）在 PMC 参数（PMCPRM）的设定（SETTING）画面上，单击 PC 选项栏的"梯形图"→"编程器方式"→"在线"。

5）在 FANUC LADDER-Ⅲ 侧添加通信设备：在"通信"对话框中的"设定通信"标记中选择可使用的设备，单击"Add"键，选择"使用设备"，如图 5-46 所示。

图 5-46　通信设备参数设定

6）与 PMC 进行试通信，显示监视画面。

7）在监视画面中可进行的操作包括：起动或停止 PMC、保存到快速 ROM 中（备份）、在线编辑、信号触发、设定 PMC 参数、记录信号变化和描绘时间图等动作，如图 5-47～图 5-49 所示。

■ 工作任务报告

1. 根据 PMC 控制原理，在 FANUC LADDER-Ⅲ 软件中完成方式选择的 PMC 程序设计并上传，然后在机床操作面板中进行程序的调试。

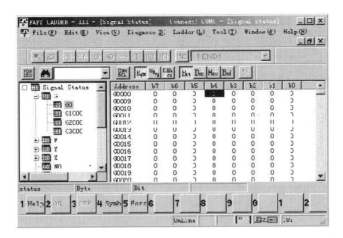

图 5-47　信号状态显示

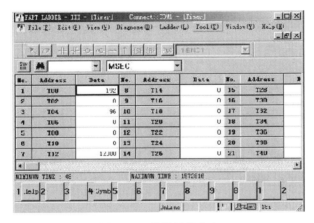

图 5-48　数据触发状态

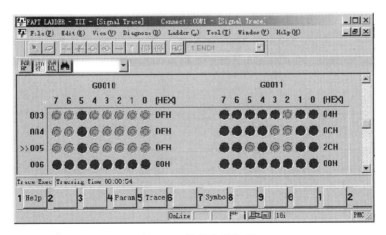

图 5-49　信号变化记录

2. 理解 PMC 的工作原理、实训台操作或者 LADDER 软件联机操作，说说①点动动作；②倍率信号；③工作方式信号；④急停信号；⑤显示灯信号是如何实现的？将实验结果填入表 5-6 中。

表 5-6 典型动作的实现

动　作	X/Y 信号	G/F 信号	参　数	梯　形　图
点动				
倍率开关（进给倍率或快速倍率）				
工作方式波段				
急停				
显示灯（正常灯、循环起动灯、进给保持灯）				

数控机床典型故障诊断与维修

 学习目的

通过数控系统的显示面板，除了可以检查、诊断 I/O 接口信号的状态外，还可以检查系统的实际工作状态。综合运用直观检查法、自诊断功能检测、功能程序测试法、交换法、原理分析法及参数检查法定位、诊断、排除常见的数控机床故障。在进行数控机床维护时，数控系统系统参数、PMC 梯形图、宏变量的备份是重要的日常维护内容。

任务 6.1　急停、超程与存储行程检测故障

任务目的　1. 认识数控机床急停、超程、存储行程回路的信号与参数。
　　　　　　2. 检修数控机床急停、超程、存储行程功能的故障。
实验设备　FANUC 0*i* Mate-D 数控系统实训台。
实验项目　1. 数控机床急停、超程、存储行程回路信号与参数的识读。
　　　　　　2. 急停、超程故障诊断与排除。

 工作过程知识

6.1.1　数控机床急停功能

如果按下了数控机床操作面板上的紧急停止按钮，则在紧急情况下，电动机供电中断，机床随即被锁定，然后立即停止移动。解除机床锁定的方法随机床生产厂家的不同而有差异，通常只要扭转按钮即可解除锁定。当然，在解除锁定之前，必须排除导致异常的故障。

在 FANUC 0*i* Mate-D 数控系统中，与急停功能相关的 PMC 信号见表 6-1。各信号说明如下：

表 6-1 与急停功能相关的 PMC 信号

I/O 信号	#7	#6	#5	#4	#3	#2	#1	#0
Gn0008				＊ESP				
X0008				＊ESP				
Fn001	MA						RST	AL
Fn000		SA						

（1）紧急停止信号 ＊ESP<X0008.4，Gn0008.4>

该信号在发生紧急情况时，能够瞬时停止机床的移动。信号 ＊ESP 成为 0 时，CNC 随即被复位，进入紧急停止状态。

（2）控制装置准备完成信号 MA（Machine Ready）<F0001.7>

通电后，CNC 系统软件正常运行准备完成时，该信号变为 1。发生 900 号系统错误时，该信号变为 0。此信号用做常开信号使用。

（3）伺服准备完成信号 SA（Servo Ready）<F0000.6>

解除急停，并且伺服系统准备完成时，伺服准备完成信号 SA 就变为 1。在接通伺服放大器之前，伺服准备完成信号 SA 不能输出。

（4）复位中信号 RST（Reset）<F0001.1>

CNC 在复位时，该信号输出变为 1。急停信号 ＊ESP 输入为 0 时为 X0008.4；外部复位信号 ERS 输入时为 G0008.7；复位和倒带信号 RRW 输入时为 G0008.6；MDI 面板的复位键被按时，CNC 复位。

（5）控制装置报警信号 AL（Alarm）<F0001.0>

CNC 处于报警状态时，在 CRT 上显示信息的同时，该信号变为 1。为了让操作者知道报警，系统一面鸣响报警器，一面点亮报警灯。

6.1.2 急停控制接口回路

伺服系统的急停回路使用双回路型电路配以辅助继电器，如图 6-1 所示。一个回路与 CNC 连接，另一个回路与伺服放大器连接。进入急停时，伺服放大器的电磁接触器（MCC）将断开，伺服电动机动态制动。动态制动是一种切断伺服放大器与伺服电动机间的动力，并将伺服电动机的动力线进行相间短路，利用伺服电动机回转产生的反电动势产生制动的功能。当发生位置偏差过大等伺服报警时，MCON 信号断开，伺服放大器的电磁接触器（MCC）断开，由 CNC 把 MCON 信号送到伺服放大器，如果不能从伺服放大器接收到 DRDY 信号时，就会出现 401 报警。

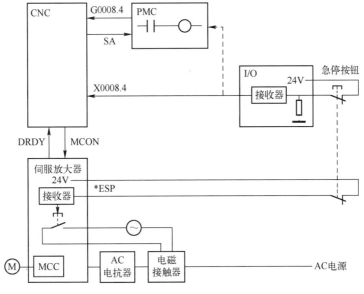

图 6-1 急停控制双接口电路

6.1.3 数控机床硬件超程检测功能

当工作台超过数控机床超程开关设定的行程终点后继续移动时,超程开关启动,工作台减速并停止移动,操作画面显示超程报警,超程急停回路接口电路如图6-2所示。为确保安全,在进给轴的两端都应设置急停限位开关,如图6-3所示。进给轴的超程开关为动触点,急停按钮与每个进给轴的超程开关串联。若是由于急停按钮断开导致急停,只要松开急停按钮,使急停信号闭合即可解除急停;若是由于超程开关断开导致急停,则电路中要设计超程释放按钮。

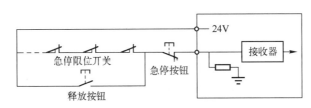

图 6-2 超程急停回路接口电路

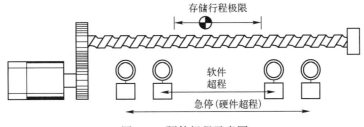

图 6-3 硬件超程示意图

超程检测功能包括自动运行和手动运行两种运行方式。在自动运行方式下的超程:自动运行过程中，当工作台的其中一个轴碰到限位开关时，工作台减速而后沿所有轴停止并显示超程报警。在手动运行方式下的超程：手动运行过程中，只有碰到限位开关的轴才能减速并停止，其他轴则可继续移动。解除超程：在手动运行方式下，按下"超程释放"按钮，把工作台移向安全方向，然后按下"RESET（复位）"按钮解除超程报警。

在 FANUC 0i Mate-D 数控系统中，与硬件超程功能相关的 PMC 信号和参数见表 6-2。

表 6-2　与硬件超程功能相关的 PMC 信号和参数

I/O 信号	#7	#6	#5	#4	#3	#2	#1	#0
Gn114				* +L5	* +L4	* +L3	* +L2	* +L1
Gn116				* −L5	* −L4	* −L3	* −L2	* −L1
参数号	#7	#6	#5	#4	#3	#2	#1	#0
3004			OTH					

各信号与参数说明如下。

（1）超程信号 * +L1 ~ * +L5<Gn114.0 ~ Gn114.4>，* −L1 ~ * −L5<Gn116.0 ~ Gn116.4>

此信号通知控制轴已经到达行程极限。信号中的 +/− 表示各控制轴的两个方向，末尾数字表示控制轴的编号。当该信号为 0 时，控制装置执行如下动作。

自动运行：即使是其中的 1 个轴成为 0，系统也会使所有轴都减速停止，发出报警，进入自动运行休止状态。

手动运行：系统仅使已成为 0 的轴在成为 0 的方向上的移动减速停止。已停止的轴，可向相反方向移动。

（2）No. 3004#5 参数 OTH

表明是否进行超程信号的检测：0 表示进行；1 表示不进行。

6.1.4　数控机床存储行程检测 1 功能

FANUC 0i Mate-D 数控系统提供通过设置存储行程检测（也称软限位功能）来进行超程检测功能，即不一定要安装硬件超程检测的限位开关。但是通常为防止机床因伺服反馈系统的故障而越过软件极限继续移动，必须安装硬件行程检测限位开关。FANUC 数控系统提供三组软件限位参数，一般使用存储行程检测 1，存储行程检测 2 和存储行程检测 3 可以通过参数 No. 8134#1 确定是否使用。

存储行程检测通过机械坐标系设定工作台在机械坐标系中的可移动范围，如图 6-4 所示。当工作台超过设定的移动范围时，机床减速停止，并显示报警，此功能在执行手动参考点返回操作后有效。存储行程检测功能可以取代硬件超程极限开关使用，若在两者都安装的情况下，则两者都有效，也可通过参数设定，不进行存储行程检测。

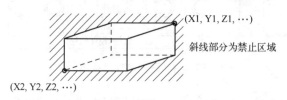

图 6-4　存储行程检测 1 功能

1. PMC 信号

在 FANUC 0*i* Mate-D 数控系统中与存储行程检测功能相关的 PMC 信号见表 6-3。

表 6-3　与存储行程检测功能相关的 PMC 信号

I/O 信号	#7	#6	#5	#4	#3	#2	#1	#0
Gn007	RLSOT	EXLM						
Gn104				+EXL5	+EXL4	+EXL3	+EXL2	+EXL1
Gn105				−EXL5	−EXL4	−EXL3	−EXL2	−EXL1
Fn124				+OT5	+OT4	+OT3	+OT2	+OT1
Fn126				−OT5	−OT4	−OT3	−OT2	−OT1

各信号说明如下。

（1）存储行程检测 1 切换信号 EXLM<Gn007.6>

选择行程检测 1-Ⅰ（参数 No.1320、No.1321）和行程检测 1-Ⅱ（参数 No.1326、No.1327）功能的切换。当该信号为 1 时，行程检测 1 不使用参数 No.1320、No.1321 的设定值，而使用参数 No.1326、No.1327 的设定值，所有轴同时进行切换。该信号只有在参数 LMS（No.1300#2）为 1 时有效。

（2）行程检测 1 释放信号 RLSOT<Gn007.7>

用于表明是否选择进行存储行程检测 1 功能。当该信号为 1 时，不进行存储行程检测 1 功能。

（3）轴方向别存储行程检测 1 切换信号

+EXL1～+EXL5<Gn104.0～Gn104.4>，−EXL1～−EXL5<Gn105.0～Gn105.4>

用于沿不同的轴方向上切换行程检测 1-Ⅰ（参数 No.1320、No.1321）设定值和行程检测 1-Ⅱ（参数 No.1326、No.1327）设定值。

（4）超程报警中信号

+OT1～+OT5<Fn124.0～Fn124.4>，−OT1～−OT5<Fn126.0～Fn126.4>

该信号用于检测刀具是否进入由参数所指定的禁止区域（存储行程极限）。信号在参数 NAL（No.1300#1）为 1 或者参数 OTS（No.1301#6）为 1 时有效。

当 NAL（No.1300#1）为 1 时，通过自动运行或者手动运行中的移动指令，在刀具快要进入由参数 No.1320、No.1321 所指定的禁止区域（存储行程极限 1）时，信号变成 1。当参数 OTS（No.1301#6）为 1 时，在发生如下的超程报警时，信号成为 1。

1）报警（OT0500，OT0501）：存储行程检测 1。

2）报警（OT0506，OT0507）：硬件 OT。

2. 参数

在 FANUC 0*i* Mate-D 数控系统中与存储行程功能相关的参数见表 6-4。

表 6-4　与存储行程功能相关的参数

参 数 号	#7	#6	#5	#4	#3	#2	#1	#0
1300	BFA					LMS	NAL	
1301		OTS		OF1				DLM

（续）

参　数　号	#7	#6	#5	#4	#3	#2	#1	#0
1320	各轴的存储行程极限Ⅰ							
1321	各轴的存储行程极限Ⅰ							
1326	各轴的存储行程极限Ⅱ							
1327	各轴的存储行程极限Ⅱ							

各参数说明如下。

（1）No. 1300#1 参数 NAL

手动运行中，各轴进入到存储行程极限 1 的禁止区域时，0 表示发出报警，使运动轴减速后停止。1 表示不发出报警，相对 PMC 输出行程极限到达信号，使运动轴减速后停止。

（2）No. 1300#2 参数 LMS

存储行程检测 1 切换信号 EXLM 设定：0 为无效；1 为有效。

（3）No. 1300#7 参数 BFA

发生存储行程检测 1、2、3 报警，以及在路径间干涉检测功能（T 系列 2 路径）发生干涉报警，在卡盘尾架限位（T 系列）发生报警时：0 为工作台在进入禁止区域后停止；1 为工作台停在禁止区域前。

（4）No. 1301#0 参数 DLM

不同轴向存储行程检测切换信号 +EXLx 和 -EXLx 设定：0 为无效；1 为有效。

（5）No. 1301#4 参数 OF1

在存储行程检测 1 中，发生报警后轴在移动到可移动范围时：0 为在进行复位之前，不解除报警；1 为立即解除 OT 报警。

（6）No. 1301#6 参数 OTS

发生超程报警时：0 为不向 PMC 输出信号；1 为向 PMC 输出超程报警中信号。

（7）参数 No. 1320、No. 1321

参数 No. 1320：各轴的存储行程极限 1 的正方向坐标值Ⅰ。

参数 No. 1321：各轴的存储行程极限 1 的负方向坐标值Ⅰ。

此参数为每个轴设定在存储行程检测 1 的正方向以及负方向的机械坐标系中的坐标值。

（8）参数 No. 1326、No. 1327

No. 1326 参数：各轴的存储行程极限 1 的正方向坐标值Ⅱ。

No. 1327 参数：各轴的存储行程极限 1 的负方向坐标值Ⅱ。

此参数为每个轴设定在存储行程检测 1 的正方向以及负方向的机械坐标系中的坐标值。存储行程检测切换信号 EXLM 为 1 时，或不同轴向存储行程检测切换信号 +EXLx、-EXLx 为 1 时，行程检测使用参数 No. 1326、No. 1327 而非参数 No. 1320、No. 1321。

■ 工作任务报告

1. 识读图 6-5 所示 FANUC 一级 PMC 程序，并解释这段 PMC 程序的作用。

2. 系统出现"OT0506 正向超程（硬限位）"报警，查阅相关维修说明书，总结该报警内容如下。

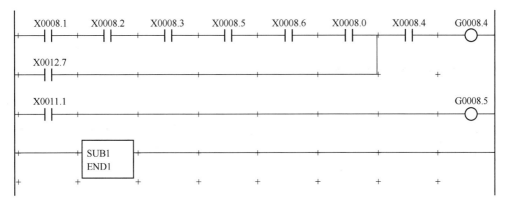

图 6-5 FANUC 一级 PMC 程序

1）启用了正侧的行程极限开关。

2）机床到达行程终点时发出报警。

3）发出此报警时，若是自动运行，则所有轴的进给都会停止。若是手动运行，则仅发出报警的轴停止进给。

绘出排查故障流程图，并定位、排除故障。

3. 正确设置 X、Z 轴的正、负软极限步骤如下：

1）先将机床进行回零操作，当界面机床坐标显示为零时，则机床回零成功。

2）在机床的手动或是手摇模式下使机床轴运动至超程，记下此时机床坐标的轴位置，得出每个轴的正、负行程。

3）将所有的机床行程距离缩短 5~10 mm，输入到机床参数中。

4）重新启动系统，回零后，运行机床，检验所设极限是否有效。

现要求回参考点以后 X、Y、Z 坐标位置都是 2 m，软限位正方向为 3 m，反方向是-1 m，请配置相关的参数。

4. 数控机床出现超程报警，根据现象，完成表 6-5 的故障诊断报告。

表 6-5　故障诊断报告

故障名称	故障原因	相关参数	故障值更改	如何排除故障	相关电路图
限位报警即超程报警	限位开关有动作（即控制轴实际已经超程）				
	限位开关电路故障				
	软超程：程序错误，刀具起刀点错误				

任务 6.2　工作方式选择故障

任务目的　1. 认识 FANUC 0i Mate-D 数控系统工作方式选择功能的信号与参数。

　　　　　　2. 检修 FANUC 0i Mate-D 数控系统工作方式选择失效故障。

实验设备　FANUC 0i Mate-D 数控系统实训台。

实验项目　1. 工作方式选择开关回路信号与参数的识读。

　　　　　　2. 工作方式选择开关失效故障诊断与排除。

工作过程知识

6.2.1　数控机床工作方式选择开关

数控机床工作方式选择开关指数控机床操作面板上的机床工作方式切换按钮，用来切换数控系统 CNC 的运行方式，如图 6-6 所示。对于数控机床的常见硬件结构，机床操作面板开关按钮的安排方式一般有两种：回转式触点选择（也称为波段开关方式，如图 6-7 所示）与按键方式选择（如图 6-8 所示）。

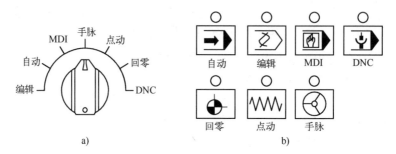

图 6-6　不同的机床工作方式转换方式

a）机床厂家操作面板　b）系统标准机床操作面板

图 6-7　波段开关方式选择

图 6-8　按键方式选择

通常来说，数控机床的工作方式有以下几种。

（1）编辑方式（EDIT）

在此状态下，操作员可新建或编辑存储到 CNC 内存中的加工程序。

（2）存储运行方式（MEM）

在此状态下，数控系统可运行系统存储器内的加工程序，又称自动运行方式。

（3）手动数据输入方式（MDI）

在此状态下，通过 MDI 面板可以编制最多 10 行的程序并执行，程序格式和通常程序一样，常用来调试机床。

（4）手轮进给方式（HND）

在此状态下，进给轴可以通过旋转数控机床操作面板上的手摇脉冲发生器微量移动。

（5）点动进给方式（JOG）

在此状态下，持续按下操作面板上的进给轴及其方向选择开关，可以使进给轴沿着所选轴的方向断点或连续移动。

（6）返回参考点方式（REF）

在此状态下，可以实现手动返回机床参考点的操作。通过返回机床参考点操作，CNC系统确定机床零点的位置。

（7）DNC方式（RMT）

在此状态下，可以通过RS-232通信口与计算机进行通信，实现数控机床的在线加工。

6.2.2　数控机床工作方式选择的相关信号

FANUC 0i Mate-D数控系统的工作方式选择信号是由MD1、MD2和MD4三个编码信号组合而成的，可以实现程序编辑（EDIT）、存储器运行（MEM）、手动数据输入（MDI）、手轮/增量进给（HND/INC）、点动进给（JOG）、JOG示教以及手轮示教等工作方式。此外，存储器运行（MEM）与DNC1信号结合起来可选择DNC运行方式；手动连续进给方式（JOG）与ZRN信号的组合，可选择手动返回参考点（REF）方式。

工作方式选择的输入信号为MD1（Gn043.0），MD2（Gn043.1），MD4（Gn043.2），DNC1（Gn043.5），ZRN（Gn043.7）；工作方式选择的输出确认信号是Fn003和Fn004.5（见表6-6和表6-7）。

表6-6　与工作方式相关的PMC信号

I/O信号	#7	#6	#5	#4	#3	#2	#1	#0
Gn043	ZRN		NDC1			MD4	MD2	MD1
Fn003	MTCHIN	MEDT	MMEM	MRMT	MMDI	MJ	MH	MINC
Fn004			MREF					

表6-7　工作方式选择输入/输出信号的组合

方　式		输　入　信　号					输出确认信号
		MD4	MD2	MD1	DNC1	ZRN	
自动运行	手动数据输入（MDI）	0	0	0	0	0	MMDI<F003#3>
	存储器运行（MEM）	0	0	1	0	0	MMEM<F003#5>
	DNC运行（RMT）	0	0	1	1	0	MRMT<F003#6>
编辑（EDIT）		0	1	1	0	0	MEDT<F003#6>
手动操作	手轮进给/增量进给（HANDLE/INC）	1	0	0	0	0	MH<F003#1>
	手动连续进给（JOG）	1	0	1	0	0	MJ<F003#2>
	手动返回参考点（REF）	1	0	1	0	1	MREF<F004#5>
	手轮示教 TEACH IN JOG（TJOG）	1	1	0	0	0	MTCHIN<F003#7> MJ<F003#2>
	手动连续示教 TEACH IN HANDLE（THND）	1	1	1	0	0	MTCHIN<F003#7> MH<F003#1>

6.2.3　工作方式选择功能PMC控制梯形图

一个典型数控机床工作方式选择的PMC程序如图6-9所示。

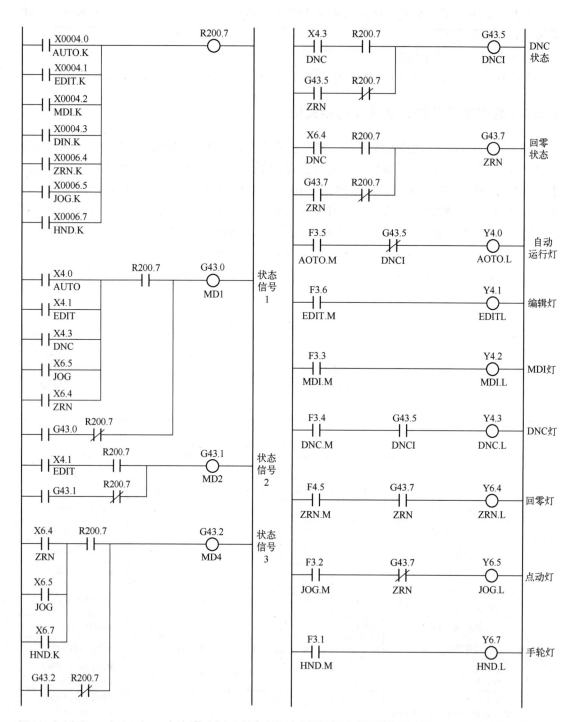

图 6-9　机床工作状态开关 PMC 控制图

其中，信号说明见表 6-8。

表 6-8　图 6-9 中的信号说明

输 入 信 号	信 号 说 明	输 出 信 号	信 号 说 明
X6.4	返回参考点	Y6.4	回参指示灯
X6.5	点动进给	Y6.5	点动进给指示灯
X6.7	手轮进给	Y6.7	手轮进给指示灯
X4.0	自动运行	Y4.0	自动运行指示灯
X4.2	手动数据输入 MDI	Y4.2	手动数据输入 MDI 指示灯
X4.1	编辑方式	Y4.1	编辑方式指示灯
X4.3	DNC 方式	Y4.3	DNC 指示灯

6.2.4　数控机床工作方式选择接口电路

根据上述的信号接口定义，工作方式选择接口电路和连接方式可以参考图 6-10。

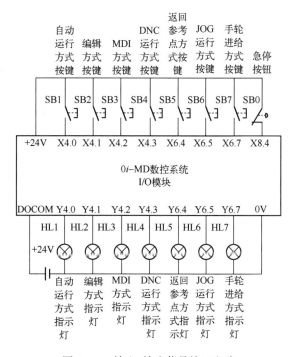

图 6-10　输入/输出信号接口电路

🔲 工作任务报告

1. 故障现象：数控机床工作方式选择波段开关不起作用，显示器有显示工作方式反应，系统无报警。请根据现象判断故障原因、定位故障位置、排除故障，并填入表 6-9 中。

表6-9　根据现象判断故障原因

故 障 原 因	相关元器件正常 电压（电流）值	相关参数正常值	相关电路图 PMC 梯形图	故 障 排 除
故障原因 1				
故障原因 2				
故障原因 3				

2. 读懂如图 6-11 所示电气原理图，解释数控机床工作方式选择 PMC 程序段的工作原理，如图 6-12 所示。

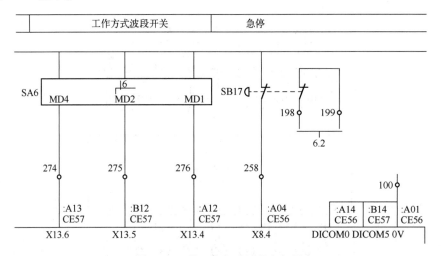

图 6-11　某工作方式开关电气图

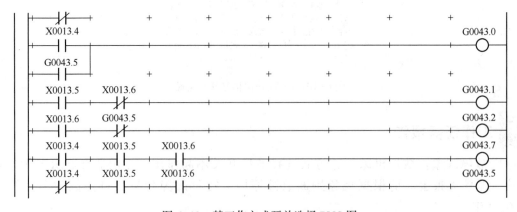

图 6-12　某工作方式开关选择 PMC 图

任务 6.3　点动进给 JOG 运行故障

任务目的　1. 认识 FANUC 0i Mate-D 数控系统点动进给 JOG 运行方式的信号与参数。

2. 检修 FANUC 0i Mate-D 系统点动进给 JOG 运行故障。

实验设备　FANUC 0i Mate-D 数控系统实训台。

实验项目　1. 点动进给 JOG 运行方式回路信号与参数的识读。

2. 点动进给 JOG 运行方式失效故障诊断与排除。

 工作过程知识

6.3.1　点动进给 JOG 运行方式

数控机床在点动进给 JOG 运行方式（又称手动方式）下，若选择机床操作面板上的一个进给轴向开关，刀具即可沿所选轴，朝着所选方向一步一步地点动或连续地移动。JOG 进给速度可以用 JOG 进给速度倍率开关进行调节。按下快速移动（RAPID）开关，不管 JOG 进给速度倍率处在什么状态下，刀具都以快速移动速度移动（G00），又称为"手动快速移动"进给方式。此方式只能同时移动 1 个轴，也可利用参数 JAX（No. 1002#0）进行设定，使 3 个轴同时移动。

6.3.2　点动进给 JOG 运行方式相关的信号

在点动进给 JOG 运行方式下，数控机床移动量的最小单位是机床的最小设定单位。可以通过改变进给速度倍率信号来改变机床的实际移动量，每步移动的倍率可为 10 倍、100 倍、1000 倍。此外，也可以通过选择手动快速移动信号，在快速移动速度（G00）下使刀具移动，而与点动进给 JOG 进给速度倍率信号无关。操作面板上与点动进给 JOG 方式有关的按键有："X、Y、Z"轴选按键、"+、-"正反向按键和"JOG 倍率开关"按键。

在 FANUC 0i Mate-D 数控系统中与点动进给 JOG 运行方式相关的 PMC 信号见表 6-10。

表 6-10　与点动进给 JOG 运行方式相关的 PMC 信号

I/O 信号	#7	#6	#5	#4	#3	#2	#1	#0
Gn010	*JV7	*JV6	*JV5	*JV4	*JV3	*JV2	*JV1	*JV0
Gn011	*JV15	*JV14	*JV13	*JV12	*JV11	*JV10	*JV9	*JV8
Gn019	RT							
Gn100				+J5	+J4	+J3	+J2	+J1
Gn102				-J5	-J4	-J3	-J2	-J1

各信号说明如下。

（1）进给轴方向选择信号 +J1 ~ +J5 <Gn100.0 ~ Gn100.4>，-J1 ~ -J5 <Gn102.0 ~ Gn102.4>

在点动进给 JOG 方式中，需要选择要进给的轴信号，+/-表示进给的方向，J 后面的数字表示控制轴号。在 JOG 方式下，该信号为 1 时，沿所选方向持续进给；在点动方式下，只进给每一步的移动量。在移动中即使该信号成为 0 也不会停止进给。

（2）点动进给 JOG 进给速度倍率信号 *JV0～*JV15<Gn010，Gn011>

用于选择点动进给 JOG 的进给速度，16 点的二进制代码信号。*JV0～*JV15 全都是 1 的情况下以及全都是 0 的情况下，倍率值视为 0，即停止进给。全程可以在 0～655.34% 的范围内以 0.01% 步进行选择。在 JOG 进给或点动进给中，点动进给 JOG 快速移动选择信号 RT 为 0 的情况下，相对参数 No.1423 设定的点动进给 JOG 进给速度，乘以由该信号选择的倍率值的结果就是实际的进给速度。

（3）点动进给 JOG 快速移动选择信号 RT<Gn019.7>

该信号是点动进给 JOG 的快速移动信号。当该信号为 1 时，JOG 进给或者点动进给的进给速度为快速移动速度（参数 No.1424）。

6.3.3 点动进给 JOG 运行方式相关的参数

在 FANUC 0i Mate-D 数控系统中与点动进给 JOG 运行方式相关的参数定义见表 6-11。

表 6-11 与点动进给 JOG 运行方式相关的参数定义

参 数 号	#7	#6	#5	#4	#3	#2	#1	#0
1002								JAX
1401								RPD
1402				JRV			JOV	
1423	每个轴的 JOG 进给速度							
1424	每个轴的点动进给 JOG 快速移动速度							
1610				JGLx				
1624	每个轴的 JOG 进给加/减速的时间常数							
1625	每个轴的 JOG 进给加/减速的 FL 速度							
7103						HNT		

各参数说明如下。

（1）No.1002#0 参数 JAX

JOG 进给、点动进给 JOG 快速移动以及点动进给 JOG 参考点返回的同时控制轴数：0 表示 1 轴；1 表示 3 轴。

（2）No.1401#0 参数 RPD

通电后参考点返回完成之前，将点动进给 JOG 快速移动设定为：0 表示无效（成为 JOG 进给）；1 表示有效。

（3）No.1402#1 参数 JOV

将 JOG 倍率设定为：0 表示有效；1 表示无效（被固定在 100% 上）。

（4）No.1402#4 参数 JRV

JOG 进给和增量进给为：0 表示选择每分钟进给；1 表示选择每转进给。

（5）参数 No. 1423

每个轴的 JOG 进给速度。

1）当参数 JRV（No. 1402#4）= 0 时，为每个轴设定点动进给 JOG 进给速度倍率为 100% 时的 JOG 每分钟进给量。

2）当设定参数 JRV（No. 1402#4）= 1（每转进给）时，为每个轴设定点动进给 JOG 进给速度倍率为 100% 时的 JOG 进给方式时主轴转动一周的进给量。

（6）参数 No. 1424

该参数用于设定每个轴的点动进给 JOG 快速移动速度，即为每个轴设定快速移动倍率为 100% 时的快速移动速度。

（7）No. 1610# 4 参数 JGLx

JOG 进给的加/减速采用：0 表示指数函数型加/减速；1 表示与切削进给相同的加/减速。

（8）参数 No. 1624

该参数用于设定每个轴的 JOG 进给加/减速的时间常数。

（9）参数 No. 1625

该参数用于设定每个轴的 JOG 进给加/减速的 FL 速度。

（10）No. 7103# 2 参数 HNT

增量进给/手控手轮进给的移动量的倍率，设定为在手控手轮进给移动量选择信号（增量进给信号）（MP1、MP2）所选倍率：0 表示设定为 1 倍；1 表示设定为 10 倍。

6. 3. 4　点动进给 JOG 接口电路

根据上述的信号接口定义，点动进给 JOG 运行接口电路和连接方式可以参考图 6-13。

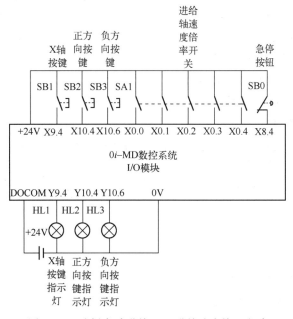

图 6-13　选择点动进给 JOG 进给速度接口电路

工作任务报告

1. 确认数控机床上点动进给 JOG 运行参数的设定值及其含义，并填入表 6-12 中。

表 6-12　点动进给 JOG 运行参数的设定值及其含义

参　数　号	当　前　值	含　　义
1002		
1401		
1402		
1423		
1424		
1610		
1624		
1625		
7103		

2. 绘制数控机床点动进给 JOG 接口电路与 PMC 梯形图。

3. 按以下步骤，确认点动进给 JOG 连续进给的进给速度。

1）将 No. 3105#0（DPF）参数置 1，在当前位置显示画面并显示实测速度。

2）使点动进给 JOG 进给速度的回转开关从最低速度（0）到最高速度（4000）依次变化，使轴移动。

3）确认印制在操作盘上的点动进给 JOG 连续进给速度值与当前位置显示画面上显示的实际速度，在回转开关的所有位置上都一致。

4）若两者速度不一致时，则确认参数 No. 1423 的点动进给 JOG 连续进给基准速度或点动进给 JOG 进给速度倍率（地址 G0010、G0011）。

5）查看显示速度与实际速度的差距。

4. 若数控机床点动进给 JOG 运行方式失效，请判断故障原因、定位故障位置、排除故障，并将结果填入表 6-13 中。

表 6-13　判断故障原因、定位故障位置、排除故障

故　障　现　象	相关元器件正常 电压（电流）值	相关参数正常值	相关电路图 PMC 梯形图	故障排除步骤
位置显示（相对·绝对·机械坐标）完全不会改变时				
位置显示（相对·绝对·机械坐标）会改变时				

5. 读懂如图 6-14 所示 PMC 程序，并解释数控机床点动进给 JOG 方式 PMC 程序段的工作原理。

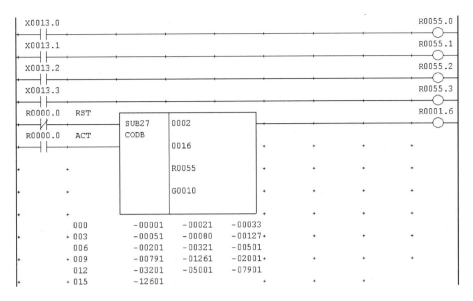

图 6-14　PMC 程序

任务6.4　手轮运行故障

任务目的　1. 认识 FANUC 0*i* Mate-D 数控系统手轮运行方式的信号与参数。

　　　　　　2. 检修 FANUC 0*i* Mate-D 数控系统手轮运行故障。

实验设备　FANUC 0*i* Mate-D 数控系统实训台。

实验项目　1. 手轮运行方式回路信号与参数的识读。

　　　　　　2. 手轮运行方式失效故障诊断与排除。

　工作过程知识

6.4.1　手轮运行方式

　　数控机床在手轮（HND）运行方式下，通过手轮进给轴开关，选择被移动的轴，旋转机床操作面板上的手摇脉冲发生器点动方式移动轴，通过手轮进给倍率开关来选择移动量的倍率，如图 6-15 所示。手摇脉冲发生器每一刻度的移动量是进给轴的最小移动单位，旋转手轮使刀具沿所选的轴移动每一刻度的移动量就是最小移动单位。

　　使用机床参数设定进给轴倍率，所有轴共同的任意倍率参数由参数 No. 7113、No. 7114 设定，在参数 No. 12350、No. 12351 中可设定各轴独立的任意倍率。FANUC 0*i* Mate-D 数控系统 M 系列允许带 3 台手轮，T 系列允许带 2 台手轮。本项目以数控机床带 1 台手轮为例来阐述说明。

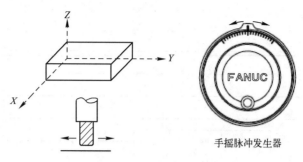

图 6-15　手轮运行方式

6.4.2　手轮运行方式相关的信号

在 FANUC 0*i* Mate-D 数控系统中与手轮运行方式相关的 PMC 信号见表 6-14。

表 6-14　与手轮运行方式相关的 PMC 信号

I/O 信号	#7	#6	#5	#4	#3	#2	#1	#0
Gn018					HS1D	HS1C	HS1B	HS1A
Gn019			MP2	MP1				
Gn023					HNDLF			
Gn347							HDN	

各信号说明如下。

（1）手轮进给轴选择信号 HS1A~HS1D<Gn018.0~3>

该信号用于选择用手轮来进给哪个轴。如图 6-16 所示为 3 个直线移动轴选择按钮，每一个手摇脉冲发生器各具有一组，各组为由 4 个信号组成的代码信号，见表 6-15。

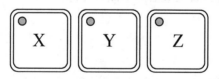

图 6-16　轴选择按钮

表 6-15　手轮进给轴选择信号

手轮进给轴选择信号				进　给　轴
HSND	HSNC	HSNB	HSNA	
0	0	0	0	不选择
0	0	0	1	第 1 轴
0	0	1	0	第 2 轴
0	0	1	1	第 3 轴
0	1	0	0	第 4 轴
0	1	0	1	第 5 轴

（2）手轮进给移动量选择信号 MP1，MP2<Gn019.4，5>

该信号用于在选择手轮进给时，手摇脉冲发生器每 1 个脉冲的移动量，其倍率按钮如图 6-17 所示。该信号也用于增量进给，手轮进给倍率具体设定见表 6-16。

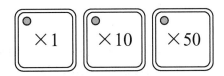

图 6-17　手轮进给倍率按钮

表 6-16　手轮进给倍率设定

手轮进给移动倍率选择信号		移 动 量	备 注
MP1	MP2		
0	0	×1	
0	1	×10	
1	0	×m	手轮进给的倍率 m，参数 No.7113 设定值
1	1	×n	手轮进给的倍率 n，参数 No.7114 设定值

（3）手轮进给最大速度切换信号 HNDLF<Gn023.3>

该信号用于选择手轮进给的进给速度的上限。根据信号的状态，手轮进给速度的上限值按如下情形所示。

0：手动快速移动速度，为参数 No.1424 设定值。

1：手轮移动上限值，为参数 No.1434 设定值。

（4）手控手轮进给方向转向信号 HDN<Gn347.1>

该信号在手控手轮进给中使手摇脉冲发生器的旋转方向和轴的移动方向转向。

0：使轴移动方向相对手摇脉冲发生器的旋转方向不转向。

1：使轴移动方向相对手摇脉冲发生器的旋转方向转向。

6.4.3　手轮运行方式相关的参数

在 FANUC 0i Mate-D 数控系统中与手轮运行方式相关的参数定义见表 6-17。

表 6-17　与手轮运行方式相关的参数定义

参　数　号	#7	#6	#5	#4	#3	#2	#1	#0
7102							HNAx	HNGx
7103						HNT		
1424	每个轴的手动快速移动速度							
1434	每个轴的手控手轮进给的最大进给速度							
7113	手控手轮进给的倍率 m							
7114	手控手轮进给的倍率 n							
12350	每个轴的手控手轮进给的倍率 m							
12351	每个轴的手控手轮进给的倍率 n							

各参数说明如下。

（1）No. 7102# 0 参数 HNGx

该参数用于确定相对于手摇脉冲发生器的旋转方向的各轴的移动方向：0 表示相同方向；1 表示相反方向。

（2）No. 7102# 1 参数 HNAx

在手轮进给方向转向信号 HDN<Gn347.1>=1 的情况下，相对于手摇脉冲发生器的旋转方向设定各轴的移动方向。0 表示轴移动方向取与手摇脉冲发生器的旋转方向相同；1 表示轴移动方向取与手摇脉冲发生器的旋转方向相反。

（3）No. 7103# 2 参数 HNT

该参数用于设定手轮进给移动量选择信号（增量进给信号）（MP1、MP2）所选倍率：0 表示设定为 1 倍；1 表示设定为 10 倍。

（4）参数 No. 1424

该参数用于设定每个轴设定快速移动倍率为 100%时的快速移动速度。

（5）参数 No. 1434

该参数用于设定每个轴的手控手轮进给的最大进给速度，当手控手轮进给速度切换信号 HNDLF<Gn023.3>=1 时，对每个轴设定手控手轮进给的最大进给速度。

（6）参数 No. 7113

该参数用于设定当手控手轮进给移动量选择信号 MP1=0、MP2=1 时的倍率 m。

（7）参数 No. 7114

该参数用于设定当手控手轮进给移动量选择信号 MP1=1、MP2=1 时的倍率 n。

（8）参数 No. 12350

该参数用于为每个轴设定当手控手轮进给移动量选择信号 MP1=0、MP2=1 时的倍率 m。

（9）参数 No. 12351

该参数用于为每个轴设定当手控手轮进给移动量选择信号 MP1=1、MP2=1 时的倍率 n。

6.4.4　手轮运行方式接口电路

根据上述的信号接口定义，手轮运行接口电路和连接方式可以参考图 6-18 和图 6-19。

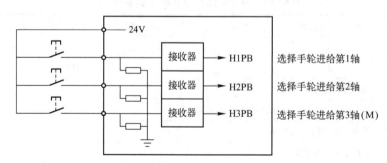

图 6-18　手轮运行接口电路

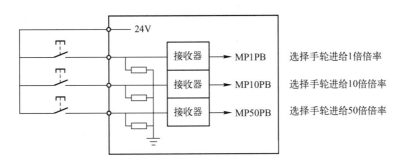

图 6-18 手轮运行接口电路（续）

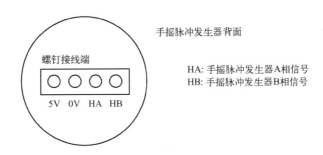

图 6-19 手轮连接图

工作任务报告

1. 确认实训数控机床上与手轮进给运行相关的参数值及其含义，填入表 6-18 中。

表 6-18 与手轮进给运行相关的参数值及其含义

参 数 号	当 前 值	含 义
7102		
7103		
1424		
1434		
7113		
7114		
12350		
12351		

2. 绘制数控机床手轮进给接口电路与 PMC 梯形图。

3. 数控机床手轮运行失效，请判断故障原因、定位故障位置、排除故障，填入表 6-19 中。

表 6-19　手轮运行失效的故障分析

故障现象	相关元器件正常电压（电流）值	相关参数正常值	相关电路图 PMC 梯形图	故障排除步骤
伺服是否已被激活				
手摇脉冲发生器是否已正确连接到 I/O 模块				1）电缆连接不良 2）手轮连接不良
是否已经正确进行了I/O模块的 I/O Link 的分配				
是否已经设定了相关的参数，是否已经输入了相关的信号				
CNC 诊断功能确认内部状态				

任务 6.5　自动运行功能故障

任务目的　1. 认识 FANUC 0i Mate-D 数控系统自动运行功能的信号与参数。

2. 测试 FANUC 0i Mate-D 数控系统自动运行功能。

实验设备　FANUC 0i Mate-D 数控系统实训台。

实验项目　1. 自动运行方式功能的测试。

2. 自动运行方式失效故障诊断与排除。

 工作过程知识

6.5.1　自动运行方式相关的控制按钮

数控机床在自动运行方式（MEM）下，按"循环启动"功能键，执行编辑方式（EDIT）录入的加工程序，或通过各种加工程序的运行控制功能相关的按钮实现。与自动运行方式相关的控制按钮见表 6-20。

表 6-20　与自动运行功能相关的按钮

按钮/LED	名　称	用　途
CYCLE START	CYCLE START（循环启动自动运行）	此按钮按一下即开始自动运行 自动运行起动中，指示灯点亮
FEED HOLD	FEED HOLD（进给暂停）	按此按钮时，自动运行停止，并且在自动运行停止时，指示灯仍然点亮

（续）

SINGLE BLOCK	SINGLE BLOCK（单段）	用于逐段执行加工程序
MC LOCK	MC LOCK（机床锁住）	用于检查程序。接通此按钮时，CNC 画面上的位置显示发生变化，但机床不运动
DRY RUN	DRY RUN（空运行）	接通此按钮时，切削进给变成手动连续进给速度
BLOCK SKIP	BLOCK SKIP（程序段跳过）	接通此按钮时，从"/"跳读到"EOB"
90 80 70 60 50 40 30 20 10 0　100　110 120 130 140 150 160 170 180 190 200	FEEDRATE OVERRIDE（%）（进给倍率）	在加工程序指令的切削进给速度上乘以倍率

6.5.2　自动运行功能相关的信号

在 FANUC 0*i* Mate-D 数控系统中与自动运行功能相关的信号、程序检查用信号见表 6-21。

表 6-21　与自动运行功能相关的信号、程序检查用信号

名　　称	代　　码	地　址	说　　明
自动运行起动信号 CYCLE START	ST（start）	Gn0007#2	选择自动运行（MEM 或 AUTO）方式或 MDI 方式时，按下按钮（用信号的后沿）就开始自动运行。该信号为 1 时，不启动自动运行
自动运行中	STL（Cycle Start Lamp）	F0000#5	执行自动运行过程中，此信号为 1
自动运行暂停信号 FEED HOLD	*SP（Stop）	G0008#5	在自动运行中按下此按钮，将自动运行暂停信号（*SP）置 0 时，就进入自动运行暂停状态。此时自动运行中（自动工作启动）指示灯灭，而自动运行暂停（进给暂停）指示灯亮
自动运行暂停中	SPL（Stop Lamp）	F0000#4	在自动运行暂停状态时，此信号为 1
自动运行中信号	OP（Operation）	F0000#0	自动运行恢复时，此信号变为 1
单程序段信号 SINGLE BLOCK	SBK（Single Block）	G0046#1	按钮指示灯点亮时，将此信号置 1。此信号为 1 时，在自动运行的 1 个程序段动作结束时，自动工作指示灯（STL）灭，进入自动运行停止状态

（续）

名　称	代　码	地址	说　明
机床锁住信号 ◎ MC LOCK	MLK（Machine Lock）	Gn044#1	按下按钮时，进入机床锁住状态。此信号为1且输给轴移动指令时，CNC画面的当前位置显示发生变化，但没有向伺服发出轴移动指令，所以机床不起动
起动锁停信号	STLK	G0007#1	禁止自动运行（存储器运行、DNC运行，或者MDI运行）中的轴移动
所有轴互锁信号	*IT	G0008#0	用来禁止机械的轴移动的信号，与方式无关
各轴互锁信号	*IT1~*IT5	G0130	禁止各轴独立地轴进给
空运行信号 ◎ DRY RUN	DRN（Dry Run）	G0046#7	按下此按钮，把空运行信号（DRN）置1。空运行信号（DRN）为1时，不使用程序指令的切削进给速度，而以参数1410的空运转速度乘以手动进给倍率（*JV0~*JV15）后所得的速度驱动进给轴移动
跳段信号 ◎ BLOCK SKIP	BDT（Block Skip）	G0044 G0045	按下此按钮，把跳段信号（BDT）置1
切削进给倍率信号	*FV（Feedrate Override）	G0012	在自动运行的切削进给速度值（F代码）上，可乘以0~254%范围内以1%为单位的倍率
快速移动倍率信号	ROV1，ROV2	G0014#0,1	对快速移动速度应用倍率
倍率取消信号	OVC	G0006#4	将进给速度倍率固定在100%上
程序结束	DM30（Decoded M30）	F0009#4	加工程序执行结束（程序结束：M30）时，此信号变为1
外部复位信号	ERS（External Reset）	G0008#7	将此信号置1时，CNC就变成复位状态

注：CNC自动运行有以下4种运行状态（见表6-22）。

表6-22　CNC自动运行的4种运行状态

运行状态	OP	STL	SPL	状　态
复位状态	0	0	0	执行复位后的状态
自动运行起动状态	1	1	0	执行自动运行的状态
自动运行暂停状态	1	0	1	在程序段中途暂停的状态
自动运行停止状态	1	0	0	程序结束，自动停止的状态

6.5.3　自动运行功能相关的参数

在FANUC 0i Mate-D数控系统中与自动运行功能相关的参数见表6-23。

表6-23　与自动运行功能相关的参数

参数号	#7	#6	#5	#4	#3	#2	#1	#0
3003				DAU	DIT	ITX		ITL
3004							BCY	BSL
1421	每个轴的快速移动倍率的F0速度							
3002				IOV				

（续）

参数号	#7	#6	#5	#4	#3	#2	#1	#0
1401				RF0				
1410	空运行参数							
1420	各轴的快速移动速度							
1430	每个轴的最大切削进给速度							

各参数说明如下。

（1）No. 3003#0 参数 ITL

使所有轴互锁信号：0 为有效；1 为无效。

（2）No. 3003#2 参数 ITX

使各轴互锁信号：0 为有效；1 为无效。

（3）No. 3003#3 参数 DIT

使不同轴向的互锁信号：0 为有效；1 为无效。

（4）No. 3003#4 参数 DAU

当参数 DIT（No. 3003#3）= 0 时，对于不同轴向的互锁信号：0 为只有在手动运行的情况下有效，在自动运行的情况下无效；1 为在手动运行和自动运行的情况下都有效。

（5）No. 3004#0 参数 BSL

使程序段开始互锁信号（＊BSL）以及切削程序段开始互锁信号（＊CSL）：0 为无效；1 为有效。

（6）No. 3004#1 参数 BCY

如同固定循环一样，程序段开始互锁信号（＊BSL）在以一个程序段的指令来指定执行多个动作的情况下：0 为仅在最初的循环开始时进行检测；1 为在各自的循环开始执行时进行检测。

（7）参数 No. 1421

其范围为 0.0 ~ +999000.0，为每个轴设定快速移动倍率的 F0 速度。

（8）No. 3002# 4 参数 IOV

倍率相关的信号逻辑：0 为负逻辑信号在负逻辑中使用，正逻辑信号在正逻辑中使用；1 为反转，负逻辑信号在正逻辑中使用，正逻辑信号在负逻辑中使用。

（9）No. 1401# 4 参数 RF0

在快速移动时，切削进给速度倍率为 0% 的情况下：0 为刀具不停止移动；1 为刀具停止移动。

（10）参数 No. 1410

此参数设定 JOG 进给速度指定度盘的 100% 位置的空运行速度。数据单位取决于参考轴的设定单位。

（11）参数 No. 1420

此参数设定各轴的快速移动速度。

（12）参数 No. 1430

此参数设定每个轴的最大切削进给速度。

6.5.4 自动运行接口电路

根据上述的信号接口定义，自动运行接口电路和连接方式可以参考图6-20。

6.5.5 自动运行功能故障的诊断步骤

数控机床不能进行正常自动运行功能的故障主要有以下几种情形。

（1）自动运行功能不能启动（启动灯不亮时），CRT画面下的CNC状态显示为"＊＊＊＊"。

1）方式选择信号是否正确：当正确输入了机床操作面板的方式选择信号时，显示如下：MDI、MEM、DNC；当不能正确显示时，利用PMC的诊断功能（PMCDGN）确认G0043信号的状态。

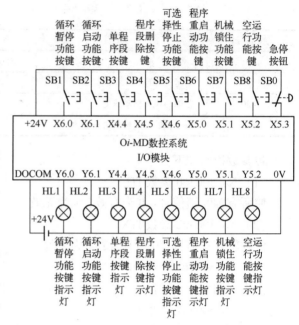

图6-20 选择自动运行接口电路

2）没有输入自动运行启动信号：按下自动运行启动按钮时为"1"，松开此按钮时为"0"，信号从"1"到"0"变化时，启动自动运行，利用PMC的诊断功能（PMCDGN）确认Gn0007#2ST信号的状态。

3）输入了自动运行暂停（进给暂停）信号：若没有按下自动运行暂停按钮时为1的话，是正常的，利用PMC的诊断功能（PMCDGN）确认G0008#5SP信号的状态。

（2）自动运行功能不能启动（启动灯不亮时），CRT画面下边CNC状态显示为"STRT"。

确认CNC自动运行功能诊断画面所显示的内容：见本书项目3任务3.5的相关内容。

（3）只在切削进给（非G00）不能启动自动运行功能动作时。

1）检查最大切削进给速度的参数设定是否有误，1422表示最大切削进给速度，切削进给速度被钳制在上限速度上。

2）进给速度用每转进给（mm/r）指定时。

① 位置编码器不转：检查主轴与位置编码器的连接是否存在问题。可能的不良情况包括同步带断了、键掉了、联轴节松动了、信号电缆的插头松脱等。

② 位置编码器不良。

3）螺纹切削指令不执行时。

① 位置编码器不转：检查主轴与位置编码器的连接是否存在问题。可能的不良情况包括同步带断了、键掉了、联轴节松动了、信号电缆的插头松脱等。

② 位置编码器不良。使用串行主轴时，位置编码器与主轴放大器相连。使用模拟接口时，位置编码器与CNC相连。

■ 工作任务报告

1. 根据以下步骤，测试数控机床自动运行功能是否正常。

1）设定如下参数：

参数 No. 1401 = ×0××××× （快速进给时空运行无效）；

参数 No. 1410 = 1000 （空运行速度）；

参数 No. 1422 = 4000 （切削进给上限速度）。

2）按机床操作盘的"MEMORY"按钮，选择自动运行方式。

3）按"PROG"键，把用编辑（EDIT）方式输入的加工程序显示在画面上。

4）设定倍率开关，把切削进给倍率置于100%。

5）按机床操作盘的自动运行启动按钮"CYCLE START"，开始自动运行。

6）检查在自动运行启动中，自动运行启动中信号（自动工作启动指示灯）是否点亮。

7）检查在自动运行启动中，按自动运行暂停按钮"FEED HOLD"时，是否能进入自动运行暂停状态。

8）检查在自动运行暂停状态时，自动运行暂停指示灯（进给暂停指示灯）是否点亮。

9）检查在自动运行暂停状态时，CNC 画面的状态显示是否显示了"HOLD"。

10）按机床操作盘的单段按钮"SINGLE BLOCK"，点亮指示灯。执行自动运行时，是否每段自动运行停止？

11）按机床操作盘的机床锁住按钮"MC LOCK"，点亮指示灯。执行自动运行时，当前位置显示是否变化而伺服电动机不回转？

12）按机床操作盘的空运行按钮"DRY RUN"，点亮指示灯。自动运行切削进给（G01）程序段的进给速度，是否不是加工程序 F 代码，而是手动连续进给速度？用程序检验画面的"实际速度"显示予以确认。

13）机床操作盘的空运行按钮"DRY RUN"接通时，按快速进给按钮"RAPID"，切削进给（G01）程序段的进给速度，是否为按参数 No. 1422 上设定的最大切削进给速度？

14）在执行（G31）程序段中将跳转信号 SKIP 接通时，是否删除剩余移动量而进入下一个程序段？

15）按机床操作盘的跳段按钮"BLOCK SKIP"，点亮指示灯。执行自动运行，确认跳段信号的动作。

2. 查阅实训数控机床 PMC 梯形图，绘制出 FANUC 0i Mate-D 数控铣床机床上与程序测试功能相关的 PMC 梯形图，填入表6-24 中。

表6-24　绘制出机床上与程序测试功能相关的 PMC 梯形图

梯形图功能	梯 形 图	相关 I/O 信号	相关参数状态
例答：快速移动倍率控制	X0012.6　　　　　　　G0019.7 X0012.0　　　　　　　G0014.0 X0012.1　　　　　　　G0014.1	ROV1，ROV2 G0014#0,1	参数 No. 1421：每轴快速移动倍率 F0
机床锁住功能			
进给速度倍率控制			
辅助功能实现控制			

任务 6.6　数控车床自动换刀架故障

任务目的　1. 检修常用的 4 工位电动刀架故障。

　　　　　　2. 调试 4 工位电动刀架的 PMC 控制程序。

实验设备　FANUC 0*i* Mate-D 数控系统实训台。

实验项目　1. 数控车床电动刀架电气故障诊断与维修。

　　　　　　2. 数控车床电动刀架 PMC 程序的调试。

 工作过程知识

6.6.1　手动运行方式下电动刀架动作过程

　　数控车床使用的回转刀架通常是最简单的自动换刀装置，有 4 工位和 6 工位刀架之分。按其工作原理可分为机械螺母升降转位、十字槽转位等形式。其换刀过程一般为刀架抬起、刀架转位、刀架压紧并定位等几个步骤。回转刀架必须具有良好的强度和刚性，以承受粗加工的切削力，同时还要保证回转刀架在每次转位的重复定位精度。

　　手动运行方式下电动刀架动作过程：数控系统发出换刀信号，继电器动作，刀架电动机正转，通过升降机构上刀体上升至一定位置，离合盘起作用，减速机构带动上刀体旋转到所选择刀位，发讯盘发出刀位信号，继电器动作，刀架电动机反转。完成初定位后，上刀体下降，齿牙盘啮合，完成精确定位，并通过升降机构锁紧刀架。每把刀具都有一个固定刀号，通过霍尔开关进行到位检测，4 工位刀架就有 4 个霍尔传感器安装在一块圆盘上，但触发霍尔传感器的磁铁只有一个，也就是说，4 个刀位信号始终有个为"1"。刀架电动机顺时针旋转时为选刀过程，逆时针旋转时为锁紧过程，选刀时间、锁紧时间由 PLC 定时器决定（定时器的计时单位为 ms）。

　　一典型两相 4 工位电动刀架电气原理图如图 6-21 和图 6-22 所示。

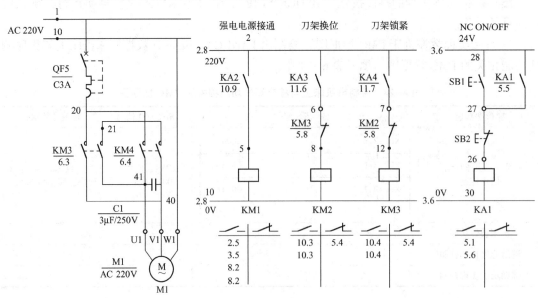

图 6-21　电动刀架电气控制

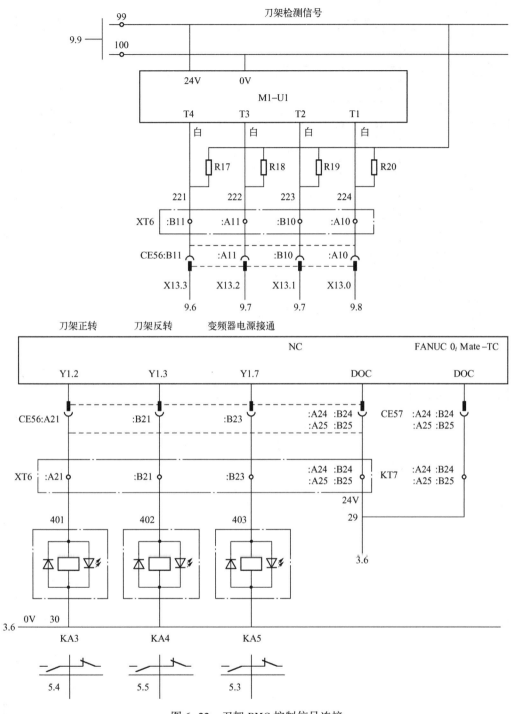

图6-22 刀架PMC控制信号连接

6.6.2 手动运行方式下刀架换刀PMC程序

一典型的4工位电动刀架在手动运行方式下的换刀PMC程序如图6-23所示。

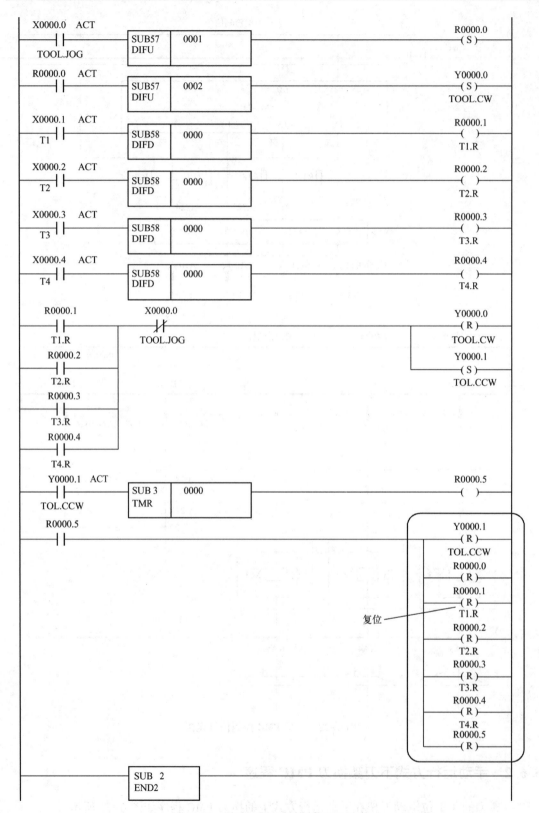

图 6-23　手动运行刀架控制 PMC 程序

程序说明：T0 表示刀架反转的时间，一般设为 3 s，时间不可以设置太长，太长的话，刀架电动机一直处于堵转状态，容易损坏。

6.6.3 自动运行方式下电动刀架的动作过程

数控车床在自动运行方式下进行自动换刀时，其控制信号的数据处理流程如图 6-24 所示。

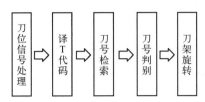

图 6-24 自动方式换刀流程图

根据加工程序中指定的 T 代码的地址，代码信号与选通信号被送至 PMC 程序，PMC 程序接收这些信号起动或保持刀架的动作。刀具功能代码信号是指 T00～T31（F26～F29），刀具功能选通信号是 TF（F7.3），一典型自动运行方式下的自动换刀 PMC 程序如图 6-25 所示。

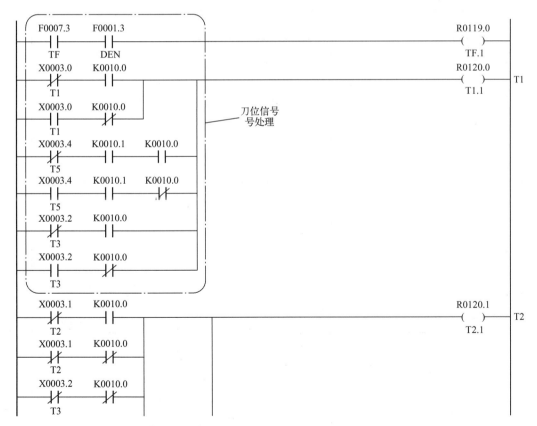

图 6-25 自动控制刀架换刀程序

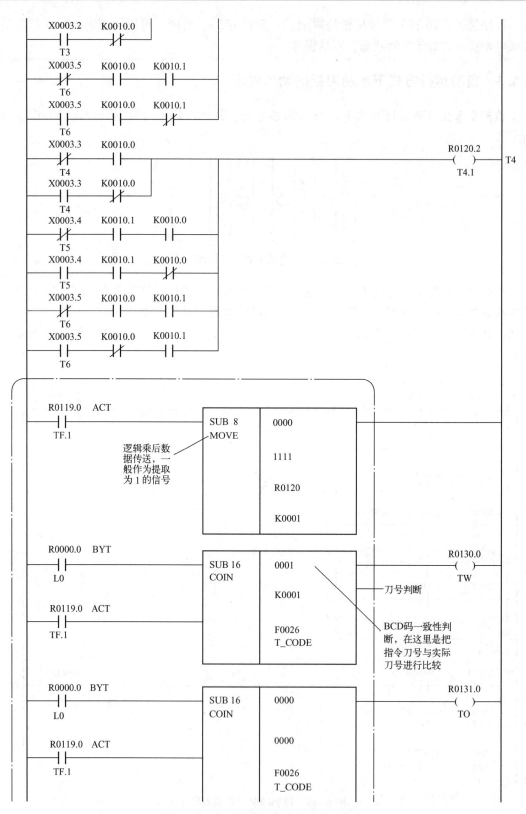

图6-25 自动控制刀架换刀程序（续）

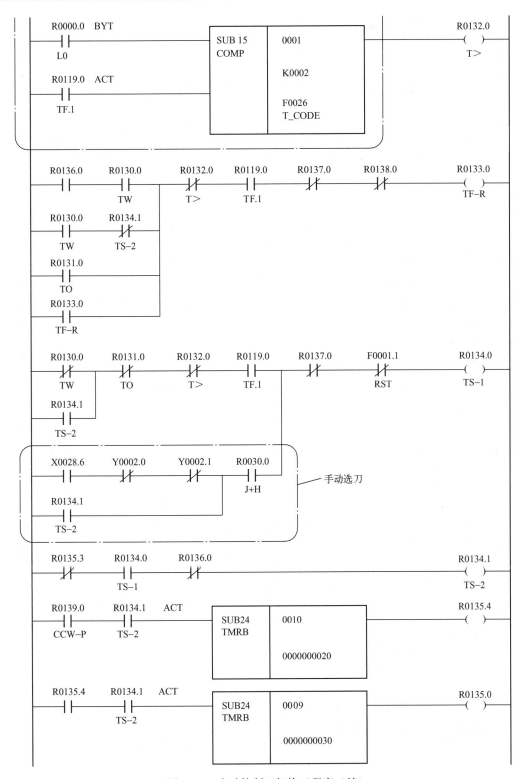

图 6-25 自动控制刀架换刀程序（续）

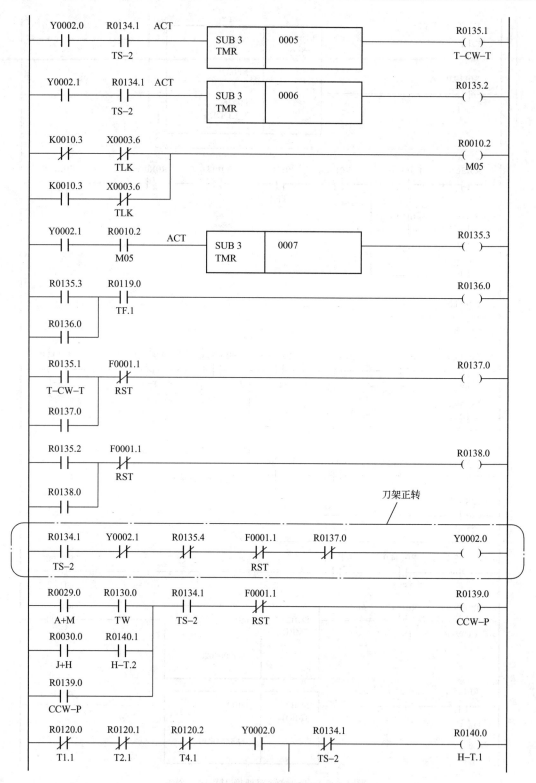

图6-25　自动控制刀架换刀程序（续）

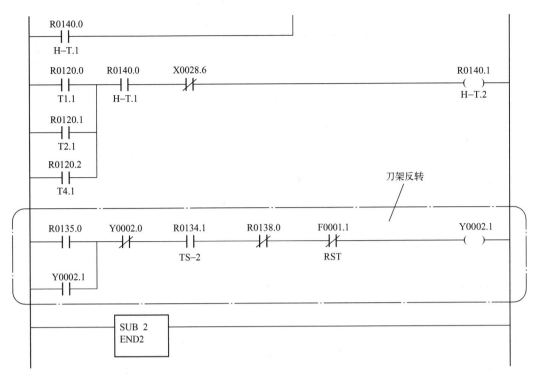

图6-25 自动控制刀架换刀程序（续）

以上的程序是个多功能的刀架控制程序，可以完成4工位与6工位刀架的控制，以及手动、自动刀架控制，还包含一些保护功能，可以根据刀架霍尔传感器的不同来选择有效电平，这些功能是通过K10参数的设定来实现的。其中需要设置的参数如下：

T06：48【刀架到位反转时间】；

T08：9984【刀架正转延时】；

T10：3984【刀架反转延时】；

T12：960【刀架反转锁紧延时】；

K1：【当前刀号】；

K10：00001001；

K10.0 刀架逻辑选择【0表示高电平；1表示低电平】；

K10.1 刀架工位选择【0表示4工位；1表示6工位】；

K10.3 刀架锁紧高低电平选择【0表示高电平；1表示低电平】。

工作任务报告

1. 某数控车床在机床MDI方式下，进行手动输入换刀，选刀时间由PLC T14号定时器（根据实际的实训机床中的定时器编号做调整）决定，锁紧时间由PLC T15号定时器决定，观察此时的刀架运转情况。人为设置刀架故障，观察刀架的运行情况是否与设想一致，将结果填入表6-25中。

表6-25　刀架的运行情况

设 置 故 障	相关元器件设置	设定故障后刀架的预期运行状况	设定故障后刀架的实际运行状况
断掉相应的刀具到位信号			
调整 PLC T14 号和 T15 号定时器参数	T14 由（　　）更改为（　　） T15 由（　　）更改为（　　）		
调换刀架电动机的正、反转控制信号			
将换刀超时时间更改为 1、2、3、6、10 s，换刀时有什么不同或不正常现象			
在换刀超时时间正常的情况下，将刀具锁紧时间更改为 0.1、0.3、3 s，换刀时出现什么现象（如不正常，用手扳动刀架，判断刀架是否锁紧，观察选择刀具是否到位）			
在换刀超时时间、刀具锁紧时正常的情况下，将正转延时时间在 0~2 s 进行更改，观察在选择刀具时出现的现象			

2. 在实验数控机床上进行自动方式下的换刀 PMC 程序设计，并在 PMC 练习板中进行程序的调试。调试合格后，接入真实的刀架进行测试。

3. 对一刚接好的刀架进行试车时，发现给信号后没有转动，应如何检查？

任务 6.7　数控系统数据传输与备份

任务目的　操作 FANUC 0*i* D/0*i* Mate-D 系统的数据传输与备份。

实验设备　1. FANUC 0*i* Mate-D 数控系统实训台。

　　　　　　2. 计算机及 RS-232 串行通信电缆 CF 传输卡。

实验项目　1. 输入/输出数控系统数据的参数设定。

　　　　　　2. 输入/输出 CNC 参数。

　　　　　　3. 输入/输出零件程序。

 工作过程知识

每一台数控机床的数据都是唯一的，即便是同一型号的机床，机床数据也有可能是不同的，比如伺服参数、螺距误差补偿数据，甚至 PMC 参数等数据都需要安装调试人员根据现场具体情况进行了修改或调整。如 FANUC 0*i* 系列数控系统将系统软件、数字伺服软件、梯形图、用户宏程序执行器存储在 F-ROM 中；机床参数、螺距误差补偿数据、加工程序、PMC 参数等存放在 S-RAM 中，同时依靠锂电池在系统断电后维持 S-RAM 中的数据。机床数据的易失性是指当 S-RAM 中的数据在断电后，由于电池供电出现问题，或数控系统出现故障损坏而造成的 S-RAM 中数据丢失。所以备份保存机床数据对设备保全是非常重要的。

6.7.1　RS-232 串行通信电缆数据传输与备份

RS-232 接口是一种常用的串行通信接口，用于连接数控机床与计算机，实现计算机与机床之间的系统参数、PMC 参数、螺距补偿参数、加工程序、刀补等数据传输、数据备份和数据恢复，以及 DNC 加工与诊断维修。在进行数据传输与备份之前，先要设置好数据传输参数。

在 FANUC 0i Mate-D 数控系统中与 RS-232 数据传输相关的参数见表 6-26。

表 6-26　与 RS-232 数据传输相关的参数

参数号（#位）	一般设定值	参数含义
0000#1（ISO）	1	数据输出为 ISO 代码
0101#0（SB2）	0	停止位是 1 位
0101#3（ASI）	0	输入/输出时，用 EIA 或 ISO 代码
0101#7（NFD）	0	输出数据时，输出同步孔
0020	0，1，2	选择 I/O 通道，通道 1，2，3
0102	0	输入/输出设备的规格号：RS-232C（使用代码 DC1~DC4） 0：RS-232C（使用代码 DC1~DC4） 1：FANUC 磁泡盒 2：FANUC 磁带机 F1 3：程序文件伴侣，FANUC FA 卡，FANUC 磁带机，FANUC 便携软磁盘机，FANUC P-MODELH 系统 4：RS-232C（不使用代码 DC1~DC4） 5：手提式纸带阅读机 6：FANUC PPR，FANUC P-MODEL G 系统，FANUC P-MODEL H 系统
0103	11	比特率（设定传送速度）：9600，单位为 bit/s 1：50　　5：200　　9：2400 2：100　　6：300　　10：4800 3：110　　7：600　　11：9600 4：150　　8：1200　　12：19200

6.7.2　RS-232 串行通信数据传输与备份步骤

1. 设定输入/输出用参数

设定如下参数：

PRM0000 设定为 00000010；

PRM0020 设定为 0；

PRM0101 设定为 00000001；

PRM0102 设定为 0（用 RS-232 传输）；

PRM0103 设定为 11（传送速度为 9600 bit/s）。

2. 输出 CNC 参数

1）选择"EDIT（编辑）"方式。

2）按"SYSTEM"键，再按"PARAM"软键，选择参数画面。

3）按"OPRT"软键，再连续按菜单扩展键。

4）启动 PC 侧传输软件处于等待输入状态。

5）系统侧按"PUNCH"软键，再按"EXEC"软键，开始输出参数。同时画面下部的状态显示上的"OUTPUT"闪烁，直到参数输出停止，按"RESET"键可停止参数的输出。

3. 输入 CNC 参数

1）进入急停状态。

2）按数次"SETTING"键，可显示设定画面。

3）确认［参数写入 = 1］。

4）按菜单扩展键。

5）按"READ"软键，再按"EXEC"软键后，系统处于等待输入状态。

6）PC 侧找到相应数据，启动传输软件，执行输出，系统就开始输入参数。同时画面下部的状态显示上的"INPUT"闪烁，直到参数输入停止，按"RESET"键可停止参数的输入。

7）输入完参数后，关断一次电源，再打开。

4. 输出零件程序

1）选择"EDIT（编辑）"方式。

2）按"PROG"键，再按"程序"键，显示程序内容。

3）先按"操作"键，再按扩展键。

4）用 MDI 输入要输出的程序号。要全部程序输出时，按键 0～9999。

5）启动 PC 侧传输软件处于等待输入状态。

6）按"PUNCH"键、"EXEC"键后，开始输出程序。同时画面下部的状态显示上的"OUTPUT"闪烁，直到程序输出停止，按"RESET"键可停止程序的输出。

5. 输入零件程序

1）选择"EDIT（编辑）"方式。

2）将程序保护开关置于"ON"位置。

3）按"PROG"键，再按软键"程序"，选择程序内容显示画面。

4）按"OPRT"软键，连续按菜单扩展键。

5）按"READ"软键，再按"EXEC"软键后，系统处于等待输入状态。

6）PC 侧找到相应程序，启动传输软件，执行输出，系统就开始输入程序。同时画面下部的状态显示上的"INPUT"闪烁，直到程序输入停止，按"RESET"键可停止程序的输入。

6.7.3　CF 存储卡数据传输与备份

数控系统的启动和计算机的启动一样，会有一个引导过程。在通常情况下，使用者不会看到数控系统的引导系统。但是在使用 CF 存储卡进行数据备份时，必须要在引导系统画面中进行操作。在使用这个方法进行数据备份时，首先必须要准备一张符合 FANUC 系统要求的 CF 存储卡（工作电压为 5 V），其次在机床断电的情况下将 CF 存储卡插到数控系统 PCMCIA 卡接口上。采用 CF 存储卡进行数据传输与备份的具体操作步骤如下。

（1）进入引导画面（如图 6-26 所示）。在系统通电时按下系统面板上的软菜单的最右边两个按钮（如果错过了引导时间再按，将不会出现引导画面的）。

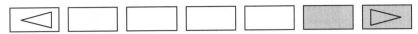

一直同时按此两个键，直到出现BOOT SYSTEM画面

图 6-26 进入引导画面

（2）出现如图 6-27 所示画面后，按"UP"或"DOWN"软键进行选择，按"SELECT"软键进行选项确认，按"YES"或"NO"软键进行数据输入/输出确认。

（3）若要把 CF 存储卡的 PMC 程序恢复至数控系统，选中图 6-27 中的"1. USER DATA LOADING"，按"SELECT"软键；出现如图 6-28 所示画面，选中卡内的文件"PMC1.000"，按"SELECT"软键，再按"YES"软键。

图 6-27 系统引导画面　　　　　　图 6-28 PMC 导入画面

（4）若要把数控系统内的 PMC 文件导出至 CF 存储卡，需要选中如图 6-29 所示画面中的"6. SYSTEM DATA SAVE"，按"SELECT"软键；出现如图 6-30 所示 PMC 导出画面，按"DOWN"软键，再按"SELECT"软键，然后按"YES"软键，完成 PMC 文件的导出。

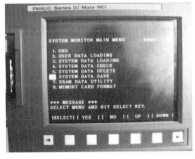

图 6-29 系统引导画面　　　　　　图 6-30 PMC 导入画面

（5）若要把数控系统内的机床数据（S-RAM）导出至 CF 存储卡备份，或将 CF 存储卡中的机床数据恢复到数控系统。需选中如图 6-27 所示画面中的"7. SRAM DATA UTILITY"，按"SELECT"软键；出现图 6-31，选项"1. SRAM BACKUP（CNC-MEMORY CARD）"是将数控系统内的机床数据（S-RAM）导出至 CF 存储卡备份；选项"2. RESTORE SRAM（MEMORY CARD-CNC）"是将 CF 存储卡中的机床数据恢复到数控系统。

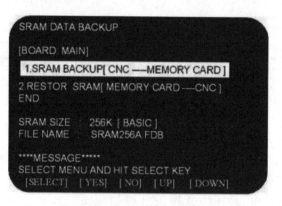

图6-31　机床数据备份与恢复

 工作任务报告

1. 用计算机的 RS-232 口输入/输出参数时，当要求以 4800 bit/s 的比特率传送数据时，相应的参数应该怎么修改？系统应该处于什么方式？

2. 使用 CF 存储卡操作数据备份：①备份 PMC 程序到存储卡上；②备份 CNC 参数到存储卡上；③从存储卡上回传 PMC 程序；④从存储卡上回传 CNC 参数。

3. 除本任务的介绍，数控机床还提供了哪几种数据备份的方法？

数控机床的验收与精度检测

 学习目的

数控机床的安装、验收是数控机床正式投入运行之前的重要环节，几何精度、定位精度检测是数控机床加工精度与加工表面质量的保证。无论是安装、验收，还是精度检测，国家都出台了相关的国家标准，主要参考有 GB/T 17421.2—2016《机床检验通则第 2 部分：数控轴线的定位精度和重复定位精度的确定》、GB/T 17421.1—1998《机床检验通则第 1 部分：在无负荷或精加工条件下机床的几何精度》和 GB/T 24341—2009《工业机械电气设备电气图、图解和表的绘制》。

任务 7.1　数控机床的安装调试与验收

任务目的　熟悉数控机床安装、调试与验收的步骤、方法。
实验设备　FANUC 0*i* Mate-D 数控系统实训台。
实验项目　1. 数控机床的安装连接与调试。
　　　　　　2. 数控机床的通电试验。
　　　　　　3. 数控机床功能的验收。

 工作过程知识

7.1.1　数控机床本体的安装

在数控机床到达之前用户应按机床制造厂家提供的机床基础图做好安装准备，在安装地脚螺栓的部位做好预留孔。当数控机床运到后，调试人员把机床部件运至安装场地，按说明书中的介绍把组成机床的各大部件分别在地基上就位。就位时，垫铁、调整垫块和地脚螺栓等要对号入座，然后把机床各部件组装成整机，部件组装完成后进行电缆、油管和气管的连接。机床说明书中有电气接线图和气、液压管路图，应据此把有关电缆和管道按标记一一对号接好。

此阶段注意事项如下。

1）机床拆箱后首先找到随机的文件资料，找出机床装箱单，按照装箱单清点各包装箱内零部件、电缆、资料等是否齐全。

2）机床各部件组装前，首先去除安装连接面、导轨和各运动面上的防锈涂料，做好各部件外表清洁工作。

3）连接时特别要注意清洁工作和可靠的接触及密封，并检查有无松动和损坏。电缆插上后一定要拧紧紧固螺钉，保证接触可靠。油管、气管连接中要特别防止异物从接口中进入管路，造成整个液压系统故障，管路连接时每个接头都要拧紧。电缆和管路连接完毕后，要做好各管线的就位固定、防护罩壳的安装，保证外观整齐。

7.1.2 数控系统的连接

（1）数控系统的开箱检查

无论是单个购入的数控系统还是与机床整机配套购入的数控系统，到货开箱后都应进行仔细检查。检查包括系统本体和与之配套的进给速度控制单元和伺服电动机、主轴控制单元和主轴电动机。

（2）外部电缆的连接

外部电缆连接是指数控系统与外部 MDI/CRT 单元、强电柜、机床操作面板、进给伺服电动机动力线与反馈线、主轴电动机动力线与反馈信号线的连接及与手摇脉冲发生器等的连接。应使这些电缆符合随机提供的连接手册的规定，最后应进行地线连接。

（3）数控系统电源线的连接

在切断数控柜电源开关的情况下连接数控系统电源的输入电缆。

（4）设定的确认

数控系统内的印制电路板上有许多用跨接线短路的设定点，需要对其适当设定以适应各种型号机床的不同要求。

（5）输入电源电压、频率及相序的确认

各种数控系统内部都有直流稳压电源，为系统提供所需的 $\pm 5\,V$、$24\,V$ 等直流电压。因此，在系统通电前，应检查这些电源的负载是否有对地短路现象，可用万用表来确认。

（6）确认直流电源单元的电压输出端是否对地短路

（7）接通数控柜电源，检查各输出电压

在接通电源之前，为了确保安全，可先将电动机动力线断开。接通电源之后，首先检查数控柜中各个风扇是否旋转，就可确认电源是否已接通。

（8）确认数控系统中各参数的设定

（9）确认数控系统与机床侧的接口

完成上述步骤，可以认为数控系统已经调整完毕，具备了与机床联机通电试车的条件。此时，可切断数控系统的电源，连接电动机的动力线，恢复报警设定。

7.1.3 数控机床通电试验

按数控机床说明书要求给机床润滑，润滑点灌注规定的油液和油脂，清洗液压油箱及过滤器，灌入规定标号的液压油，接通外界输入的气源。

机床通电操作可以是一次各部分全面供电，也可以是各部件分别供电，然后再做总供电试验。在数控系统与机床联机通电试车时，虽然数控系统已经确认，工作正常无任何报警，但仍然应在接通电源的同时，做好按压急停按钮的准备，以备随时切断电源。在检查机床各轴的运转情况时，应用手动连续进给移动各轴，通过 CRT 或 DPL（数字显示器）的显示值检查机床部件移动方向是否正确。然后检查各轴移动距离是否与移动指令相符。如不符，则应检查有关指令、反馈参数，以及位置控制环增益等参数设定是否正确。随后，再用手动进给以低速移动各轴，并使它们碰到超程开关，用以检查超程限位是否有效，数控系统是否在超程时发出报警。仔细检查数控系统和 PMC 装置中参数设定值是否符合随机资料中规定数据，然后检验各种运行方式（手动、点动、MDI、自动方式等）、主轴换档指令、各级转速指令等是否正确无误。最后，还应进行一次返回参考点动作。机床的参考点是以后机床进行加工的程序基准位置，因此，必须检查有无参考点功能及每次返回参考点的位置是否完全一致。

检查辅助功能及附件是否能正常工作，例如机床的照明灯、冷却防护罩和各种护板是否完整；切削液箱中加满切削液，检验喷管是否能正常喷出切削液；在用冷却防护罩条件下，切削液是否外漏；排屑器是否正常工作等。

7.1.4 数控机床的安装调整

按数控机床说明书资料，粗略检查机床的主要部件功能是否正常、齐全，使机床各环节都能操作运动起来。调整机床的床身水平，粗调机床的主要几何精度，再调整重新组装的主要运动部件与主机的相对位置，用快干水泥灌注主机和各附件的地脚螺栓，把各个预留孔灌平，等水泥完全干固。

在已经固化的地基上用地脚螺栓和垫铁精调机床主床身的水平，找正水平后移动床身上的各运动部件（如主柱、溜板和工作台等），观察各坐标全行程内机床的水平变换情况，并相应调整机床几何精度，使之在允许的误差范围之内。调整中所使用的检测工具包括精密水平仪、标准方尺、平尺、平行光管等。在调整时，主要以调整垫铁为主，必要时可稍微改变导轨上的镶条和预紧滚轮等。

7.1.5 加工中心换刀装置运行

让机床自动运动到刀具交换位置（可用 G28 Y0 Z0 或 G30 Y0 Z0 等程序），用手动方式调整装刀机械手和卸刀机械手相对主轴的位置。在调整中采用一个校对心棒进行检测，有误差时可调整机械手的行程，移动机械手支座和刀库位置等，必要时还可以修改换刀位置点的设定（改变数控系统内的参数设定）。调整完毕后，紧固各调整螺钉及刀库地脚螺栓，然后装上几把接近规定允许重量的刀柄，进行多次从刀库到主轴的往复自动交换，要求动作准确无误，不撞击、不掉刀。

带 APC 交换工作台的机床要把工作台运动到交换位置，调整托盘站与交换台面的相对位置，达到工作台自动换刀时动作平稳、可靠、准确。然后在工作台面上装 70%~80% 的允许负载，进行多次自动交换动作，达到准确无误后再紧固各有关螺钉。

7.1.6 数控机床试运行

数控机床安装调试完毕后，要求整机在带一定负载条件下经过一段较长时间的自动运行，较全面地检查机床功能及工作可靠性。运行时间尚无统一的规定，一般采用每天运行8h，连续运行2~3天；或24h连续运行1~2天。这个过程称为安装后的试运行。

考核程序中应包括：主要数控系统的功能使用，自动更换取用刀库中2/3的刀具，主轴的最高、最低及常用的转速，快速和常用的进给速度，工作台面的自动交换，主要M指令的使用等。试运行时，机床刀库上应插满刀柄，取用刀柄重量应接近规定的允许重量，交换工作台面上也应加上负载。在试运行时间内，除操作失误引起的故障外，不允许机床有其他故障出现，否则表明机床的安装调试存在问题。

7.1.7 数控机床的验收

在机床调试人员完成对机床的安装调试后，数控机床用户的验收工作就是，根据机床出厂检验合格证上规定的验收条件，通过实际能提供的检测手段来部分或全部地测定机床合格证上的各项技术指标。合格后验收结果将作为日后维修时的技术指标依据。主要验收工作如下。

1）机床外观检查。在对数控机床做详细检查验收以前，对数控柜的外观进行检查验收，应包括以下几个方面。

① 外表检查：用肉眼检查数控柜中的各单元是否有破损、污染，连接电缆捆绑是否有破损，屏蔽层是否有剥落现象。

② 数控柜内部件紧固情况检查：包括螺钉紧固检查、连接器紧固检查和印制电路板的紧固检查。

③ 伺服电动机的外表检查：特别是对带有脉冲编码器的伺服电动机的外壳应做认真检查，尤其是它的后端。

2）机床性能及NC功能试验。现以一台立式加工中心为例说明一些主要的检查项目。

① 主轴系统性能。

② 进给系统性能。

③ 自动换刀系统。

④ 机床噪声。机床空运转时的总噪声不得超过80dB。

⑤ 电气装置。

⑥ 数字控制装置。

⑦ 安全装置。

⑧ 润滑装置。

⑨ 气、液装置。

⑩ 附属装置。

⑪ 数控机能。

⑫ 连续无载荷运转。

3）机床几何精度检查。数控机床的几何精度综合反映该设备的关键机械零部件和组装后的几何形状误差。以下列出一台普通立式加工中心的几何精度检测内容。

① 工作台面的平面度。

② 各坐标方向移动的相互垂直度。

③ 向X坐标方向移动时工作台面的平行度。

④ 向 Y 坐标方向移动时工作台面的平行度。

⑤ 向 X 坐标方向移动时工作台面 T 形槽侧面的平行度。

⑥ 主轴的轴向圆跳动。

⑦ 主轴孔的径向圆跳动。

⑧ 主轴箱沿 Z 坐标方向移动时主轴轴线的平行度。

⑨ 主轴回转轴中心线对工作台面的垂直度。

⑩ 主轴箱在 Z 坐标方向移动的直线度。

4）机床定位精度检查。它表明所测量的机床各运动部件在数控装置控制下运动所能达到的精度。定位精度主要检查内容如下。

① 直线运动定位精度（包括 X、Y、Z、U、V、W 轴）。

② 直线运动重复定位精度。

③ 直线运动轴机械原点的返回精度。

④ 直线运动失动量的测定。

⑤ 回转运动定位精度（转台 A、B、C 轴）。

⑥ 回转运动的重复定位精度。

⑦ 回转轴原点的返回精度。

⑧ 回轴运动失动量测定。

5）机床切削精度检查。机床切削精度检查实质是对机床的几何精度和定位精度在切削和加工条件下的一项综合考核。国内多以单项加工为主。对于加工中心工业自动化网，主要单项精度如下。

① 镗孔精度。

② 端面铣刀铣削平面的精度（XY 平面）。

③ 镗孔的孔距精度和孔径分散度。

④ 直线铣削精度。

⑤ 斜线铣削精度。

⑥ 圆弧铣削精度。

⑦ 箱体调头镗孔同轴度（针对卧式机床）。

⑧ 水平转台回转 90°铣四方加工精度（针对卧式机床）。

工作任务报告

1. 在实训数控机床上完成数控机床的调试项目。

2. 在实训数控机床上完成数控机床功能的验收项目。

任务 7.2 数控机床几何精度检测

任务目的　1. 了解 ISO、GB 标准中常见数控机床几何精度检测项目。

　　　　　　2. 实践数控机床几何精度常用检测工具的使用。

实验设备　1. FANUC 0i Mate-D 数控系统实训台。

　　　　　　2. 水平仪、百分表、杠杆千分表、磁力表座、检验棒等。

实验项目　1. 数控机床的调平。

　　　　　　2. 数控车床几何精度检测。

　　　　　　3. 数控铣床几何精度检测。

 工作过程知识

7.2.1　数控车床几何精度的检测

1. 床身导轨的直线度

纵向导轨调平后，床身导轨在铅垂平面内的直线度。

检测工具：精密水平仪。

检测方法：水平仪沿 Z 轴方向放在溜板上，沿导轨全长等距离地在各位置上检验，记录水平仪的读数，并记入报表，并用作图法计算出床身导轨在铅垂平面内的直线度误差。检测示意图如图 7-1 所示。

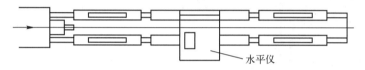

图 7-1　导轨的直线度检测

2. 床身导轨的平行度

横向导轨调平后，床身导轨的平行度。

检测工具：精密水平仪。

检测方法：水平仪沿 X 轴方向放在溜板上，在导轨上移动溜板，记录水平仪读数，其读数最大值即为床身导轨的平行度误差，检测示意图如图 7-2 所示。

3. 溜板在水平面内移动的直线度

检测工具：指示器和检验棒，百分表和平尺。

检测方法：将检验棒顶在主轴和尾座顶尖上；再将百分表固定在溜板上，百分表水平触及检验棒素线；全程移动溜板，调整尾座，使百分表在行程两端读数相等，检测溜板在水平面内移动的直线度误差，检测示意图如图 7-3 所示。

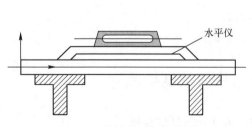

图 7-2　导轨的平行度检测

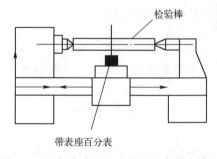

图 7-3　溜板在水平面内移动的直线度检测

4. 尾座移动对溜板移动的平行度

检测工具：百分表。

检测方法：将尾座套筒伸出后，按正常工作状态锁紧，同时使尾座尽可能地靠近溜板，把安装在溜板上的第二个百分表相对于尾座套筒的端面调整为零；溜板移动时也要手动移动尾座，直至第二个百分表的读数为零，使尾座与溜板相对距离保持不变。按此法使溜板和尾座全行程移动，只要第二个百分表的读数始终为零，则第一个百分表相应地指示出平行度误差。或沿行程在每隔 300 mm 处记录第一个百分表读数，百分表读数的最大差值即为平行度误差。第一个百分表分别在图 7-4 中的 a、b 位置测量，误差单独计算，检测示意图如图 7-4 所示。

5. 主轴跳动

检测工具：百分表和专用装置。

检测方法：用专用装置在主轴线上加力 F（F 的值为消除轴向间隙的最小值），把百分表安装在机床固定部件上，然后使百分表测头沿主轴轴线分别触及专用装置的钢球和主轴轴肩支承面；旋转主轴，百分表读数最大差值即为主轴的轴向圆跳动误差和主轴轴肩支承面的轴向圆跳动误差，检测示意图如图 7-5 所示。

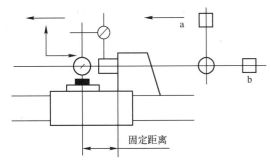

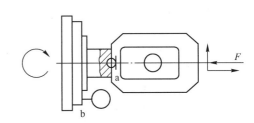

图 7-4　尾座移动对溜板移动的平行度检测　　　　图 7-5　主轴跳动检测

6. 主轴定心轴颈的径向圆跳动

检测工具：百分表。

检测方法：把百分表安装在机床固定部件上，使百分表测头垂直于主轴定心轴颈并触及主轴定心轴颈；旋转主轴，百分表读数最大差值即为主轴定心轴颈的径向圆跳动误差，检测示意图如图 7-6 所示。

7. 主轴锥孔轴线的径向圆跳动

检测工具：百分表和检验棒。

检测方法：将检验棒插在主轴锥孔内，把百分表安装在机床固定部件上，使百分表测头垂直触及被测表面，旋转主轴，记录百分表的最大读数差值，在图 7-7 的 a、b 处分别进行测量。标记检验棒与主轴的圆周方向的相对位置，取下检验棒，同向分别旋转检验棒 90°、180°、270° 后重新插入主轴锥孔，在每个位置分别检测。取 4 次检测的平均值即为主轴锥孔轴线的径向圆跳动误差，检测示意图如图 7-7 所示。

8. 主轴轴线（对溜板移动）的平行度

检测工具：百分表和检验棒。

检测方法：将检验棒插在主轴锥孔内，把百分表安装在溜板（或刀架）上，然后：①使百分表测头在铅垂平面内垂直触及被测表面（检验棒），移动溜板，记录百分表的最大读数差值及方向；旋转主轴 180°，重复测量一次，取两次读数的算术平均值作为在铅垂平面内主轴轴线对溜板移动的平行度误差；②使百分表测头在水平平面内垂直触及被测表面（检验棒），按上述①的方法重复测量一次，即得水平平面内主轴轴线对溜板移动的平行度误差，检测示意图如图 7-8 所示。

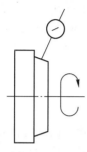 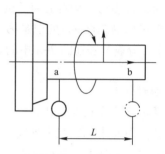

图 7-6　主轴定心轴颈的径向圆跳动检测　　　　图 7-7　主轴锥孔轴线的径向圆跳动检测

9. 主轴顶尖的斜向圆跳动

检测工具：百分表和专用顶尖。

检测方法：将专用顶尖插在主轴锥孔内，把百分表安装在机床固定部件上，使百分表测头垂直触及被测表面，旋转主轴，记录百分表的最大读数差值，检测示意图如图 7-9 所示。

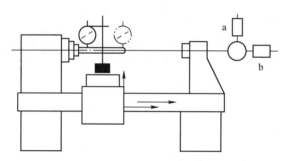 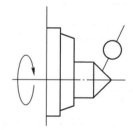

图 7-8　主轴轴线（对溜板移动）的平行度检测　　　图 7-9　主轴顶尖的斜向圆跳动检测

10. 尾座套筒轴线（对溜板移动）的平行度

检测工具：百分表。

检测方法：将尾座套筒伸出有效长度后，按正常工作状态锁紧。百分表安装在溜板（或刀架）上，然后：①使百分表测头在铅垂平面内垂直触及被测表面（尾座套筒），移动溜板，记录百分表的最大读数差值及方向，即得到在铅垂平面内尾座套筒轴线对溜板移动的平行度误差；②使百分表测头在水平平面内垂直触及被测表面（尾座套筒），按上述①的方法重复测量一次，即得到在水平平面内尾座套筒轴线对溜板移动的平行度误差，检测示意图如图 7-10 所示。

11. 尾座套筒锥孔轴线（对溜板移动）的平行度

检测工具：百分表和检验棒。

检测方法：尾座套筒不伸出并按正常工作状态锁紧，将检验棒插在尾座套筒锥孔内。百分表安装在溜板（或刀架）上，然后：①把百分表测头在铅垂平面内垂直触及被测表面（尾座套筒），移动溜板，记录百分表的最大读数差值及方向；取下检验棒，将其旋转180°后重新插入尾座套筒锥孔内，重复测量一次，取两次读数的算术平均值作为在铅垂平面内尾

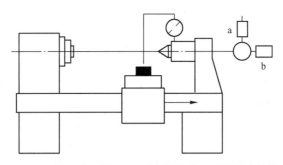

图 7-10　尾座套筒轴线（对溜板移动）的平行度检测

座套筒锥孔轴线对溜板移动的平行度误差；②把百分表测头在水平平面内垂直触及被测表面，按上述①的方法重复测量一次，即得到在水平平面内尾座套筒锥孔轴线对溜板移动的平行度误差，检测示意图如图 7-11 所示。

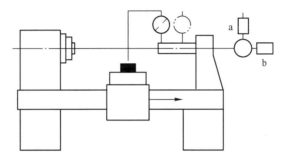

图 7-11　尾座套筒锥孔轴线（对溜板移动）的平行度检测

12. 床头和尾座两顶尖的等高度

检测工具：百分表和检验棒。

检测方法：将检验棒顶在床头和尾座两顶尖上，把百分表安装在溜板（或刀架）上，使百分表测头在铅垂平面内垂直触及被测表面（检验棒），然后移动溜板至行程两端，移动小拖板（X 轴），记录百分表在行程两端的最大读数的差值，即为床头和尾座两顶尖的等高度。测量时注意方向，检测示意图如图 7-12 所示。

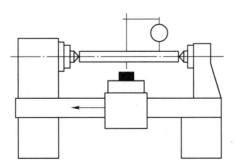

图 7-12　床头和尾座两顶尖的等高度检测

13. 刀架横向移动对主轴轴线的垂直度

检测工具：百分表、圆盘、平尺。

检测方法：将圆盘安装在主轴锥孔内，百分表安装在刀架上，使百分表测头在水平平面内垂直触及被测表面（圆盘），再沿 X 轴方向移动刀架，记录百分表的最大读数差值及方向；将圆盘旋转180°，重新测量一次，取两次读数的算术平均值作为刀架横向移动对主轴轴线的垂直度误差，检测示意图如图 7-13 所示。

14. 刀架转位的重复定位精度、刀架转位 X 轴方向回转重复定位精度

检测工具：百分表和检验棒。

检测方法：把百分表安装在机床固定部件上，使百分表测头垂直触及被测表面（检具），在回转刀架的中心行程处记录读数，用自动循环程序使刀架退回，转位360°，最后返回原来的位置，记录新的读数。误差以回转刀架至少回转 3 周的最大和最小读数差值计。对回转刀架的每一个位置都应重复进行检验，并对每一个位置百分表都应调到零，检测示意图如图 7-14 所示。

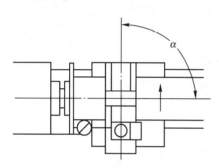
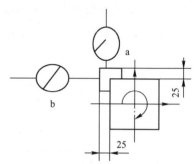

图 7-13　刀架横向移动对主轴
轴线的垂直度检测

图 7-14　刀架转位 X 轴方向回转
重复定位精度检测

7.2.2　数控铣床几何精度的检测

1. 机床调平

检测工具：精密水平仪。

检测方法：将工作台置于导轨行程中的中间位置，将两个水平仪分别沿 X 和 Y 坐标轴置于工作台中央，调整机床垫铁高度，使水平仪水泡处于读数中间位置；分别沿 X 和 Y 坐标轴全程移动工作台，观察水平仪读数的变化，调整机床垫铁的高度，使工作台沿 X 和 Y 坐标轴全行程移动时水平仪读数的变化范围小于两格，且读数处于中间位置即可，检测示意图如图 7-15 所示。

2. 工作台面的平面度检测

检测工具：百分表、平尺、可调量块、等高块、精密水平仪。

检测方法：用平尺检测工作台面的平面度误差的原理为，在规定的测量范围内，当所有点被包含在与该平面的总方向平行并相距给定值的两个平面内时，则认为该平面是平的。检验示意图如图 7-16 所示，首先在检验面上选 A、B、C 点作为零位标记，将 3 个等高量块放在这 3 点上，这 3 个量块的上表面就确定了与被检面作比较的基准面。将平尺置于点 A 和点 C 上，并在检验面点 E 处放一可调量块，使其与平尺的小表面接触。此时，量块在点 A、B、C、E 的上表面均在同一表面上。再将平尺放在点 B 和点 E 上，即可找到点 D 的偏差。在点 D 放一可调量块，并将其上表面调到由已经就位的量块上表面所确定的平面上。将平尺分别放在点 A 和点 D 及点 B 和点 C 上，即可

工作台面
平面度检测

找到被检面上点 A 和点 D 及点 B 和点 C 之间的各点偏差。至于其余各点之间的偏差可用同样的方法找到。

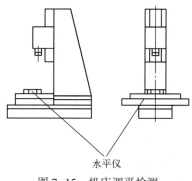

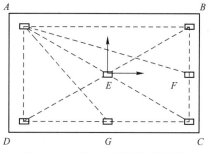

图 7-15　机床调平检测　　　　图 7-16　工作台面的平面度检测

3. 主轴锥孔轴线的径向圆跳动

检测工具：检验棒、百分表。

检测方法：将检验棒插在主轴锥孔内，百分表安装在机床固定部件上，百分表测头垂直触及被测表面，旋转主轴，记录百分表的最大读数差值，在图 7-17 中的 a、b 两处分别测量。标记检验棒与主轴的圆周方向的相对位置，取下检验棒，同向分别旋转检验棒 90°、180°、270° 后重新插入主轴锥孔内，在每个位置分别检测。取 4 次检测的平均值作为主轴锥孔轴线的径向圆跳动误差，检测示意图如图 7-17 所示。

主轴径向圆跳动检测

4. 主轴轴线对工作台面的垂直度

检测工具：平尺、可调量块、百分表、表架。

检测方法：将带有百分表的表架装在轴上，并将百分表的测头调至平行于主轴轴线，被测平面与基准面之间的平行度偏差可以通过百分表测头在测平面上摆动的方法测得。主轴旋转一周，百分表读数的最大差值即为垂直度偏差，分别在 XZ、YZ 平面内记录百分表在相隔 180° 的两个位置上的读数差值。为消除测量误差，可在第一次检验后将检验工具相对于轴转过 180° 再重复检验一次，检测示意图如图 7-18 所示。

主轴对工作台面垂直度的检测

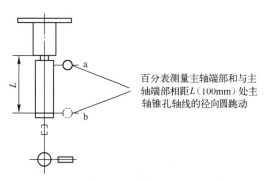

百分表测量主轴端部和与主轴端部相距 L（100mm）处主轴锥孔轴线的径向圆跳动

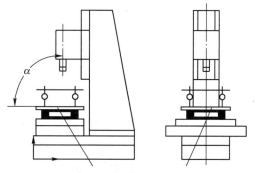

图 7-17　主轴锥孔轴线的径向圆跳动检测　　　图 7-18　主轴轴线对工作台面的垂直度检测

5. 主轴竖直方向移动对工作台面的垂直度

检测工具：等高块、平尺、角尺、百分表。

检测方法：将等高块沿 Y 轴方向放在工作台上，平尺置于等高块上，将角尺置于平尺上

（在 YZ 平面内），百分表固定在主轴箱上，百分表测头垂直触及角尺，移动主轴箱，记录百分表读数及方向，其读数最大差值即为在 YZ 平面内主轴箱垂直移动对工作台面的垂直度误差；同理，将等高块、平尺、角尺置于 XZ 平面内重新测量一次，百分表读数最大差值即为在 XZ 平面内主轴箱垂直移动对工作台面的垂直度误差，检测示意图如图 7-19 所示。

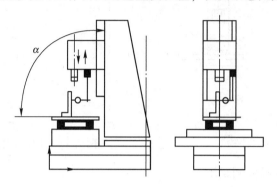

图 7-19　主轴竖直方向移动对工作台面的垂直度检测

6. 主轴套筒竖直方向移动对工作台面的垂直度

检测工具：等高块、平尺、角尺、百分表。

检测方法：将等高块沿 Y 轴方向放在工作台上，平尺置于等高块上，将圆柱角尺置于平尺上，并调整角尺位置使角尺轴线与主轴轴线同轴；百分表固定在主轴上，百分表测头在 YZ 平面内垂直触及角尺，移动主轴，记录百分表读数及方向，其读数最大差值即为在 YZ 平面内主轴垂直移动对工作台面的垂直度误差；同理，百分表测头在 XZ 平面内垂直触及角尺重新测量一次，百分表读数最大差值为在 XZ 平面内主轴箱垂直移动对工作台面的垂直度误差，检测示意图如图 7-20 所示。

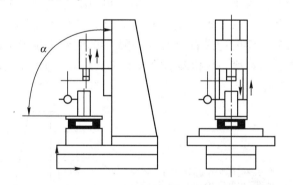

图 7-20　主轴套筒竖直方向移动对工作台面的垂直度检测

7. 工作台沿 X 轴方向或 Y 轴方向移动对工作台面的平行度

检测工具：等高块、平尺、百分表。

检测方法：将等高块沿 Y 轴方向放在工作台上，平尺置于等高块上，把百分表测头垂直触及平尺，沿 Y 轴方向移动工作台，记录百分表读数，其读数最大差值即为工作台 Y 轴方向移动对工作台面的平行度误差；将等高块沿 X 轴方向放在工作台上，沿 X 轴方向移动工作台，重复测量一次，其读数最大差值即为工作台沿 X 轴方向移动对工作台面的平行度误差，检测示意图如图 7-21 所示。

8. 工作台沿 *X* 轴方向移动对工作台 T 形槽的平行度

检测工具：百分表。

检测方法：把百分表固定在主轴箱上，使百分表测头垂直触及基准（T 形槽），沿 *X* 轴方向移动工作台，记录百分表读数，其读数的最大差值即为工作台沿 *X* 轴方向移动对工作台面基准（T 形槽）的平行度误差，检测示意图如图 7-22 所示。

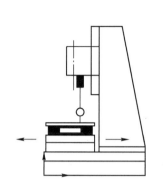

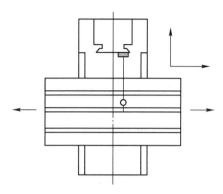

图 7-21 工作台沿 *X* 轴方向或 *Y* 轴方向
移动对工作台面的平行度检测

图 7-22 工作台沿 *X* 轴方向移动对工作
台 T 形槽的平行度检测

9. 工作台沿 *X* 轴方向移动对 *Y* 轴方向移动的工作垂直度

检测工具：角尺、百分表。

检测方法：工作台处于行程中间位置，将角尺置于工作台上，把百分表固定在主轴箱上，使百分表测头垂直触及角尺（*Y* 轴方向），沿 *Y* 轴方向移动工作台，调整角尺位置，使角尺的一个边与 *Y* 轴轴线平行，再将百分表测头垂直触及角尺另一边（*X* 轴方向），沿 *X* 轴方向移动工作台，记录百分表读数，其读数最大差值即为工作台沿 *X* 轴方向移动对 *Y* 轴方向移动的工作垂直度误差，检测示意图如图 7-23 所示。

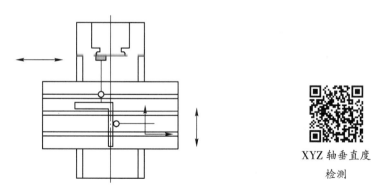

XYZ 轴垂直度
检测

图 7-23 工作台沿 *X* 轴方向移动对 *Y* 轴方向移动的工作垂直度检测

 工作任务报告

1. 在实训数控机床上检测数控车床、数控铣床几何精度，整理实验数据，并填写表 7-1 和表 7-2。

表 7-1 数控车床几何精度检测数据记录

机床型号	机床编号	环境温度	检测人	实验日期

序号	检测项目		公差/mm	检测工具	实测值/mm
G1	导轨调平	床身导轨在铅垂平面内的垂直度	0.020（凸）		
		床身导轨在水平平面内的平行度	0.04/1000 mm①		
G2	溜板移动在水平面内的直线度		$D_C \leqslant 500$ mm 时，0.015； 500 mm$<D_C \leqslant$ 1000 mm 时，0.02		
G3	铅垂平面内尾座移动对溜板移动的平行度		$D_C \leqslant 1500$ mm 时，0.03； 在任意 500 mm 测量 长度上为 0.02		
	水平平面内尾座移动对溜板移动的平行度				
G4	主轴的轴向圆跳动		0.010		
	主轴轴肩支承面的轴向圆跳动		0.020		
G5	主轴定心轴颈的径向圆跳动		0.01		
G6	靠近主轴端面主轴锥孔轴线的径向圆跳动		0.01		
	距主轴端面 L（$L=300$ mm）处主轴锥孔轴线的径向圆跳动		0.02		
G7	铅垂平面内主轴轴线对溜板移动的平行度		0.02/300 mm （只允许向上向前偏）		
	水平平面内主轴轴线对溜板移动的平行度				
G8	主轴顶尖的斜向圆跳动		0.015		
G9	铅垂平面内尾座套筒轴线对溜板移动的平行度		0.015/100 mm （只允许向上向前偏）		
	水平平面内尾座套筒轴线对溜板移动的平行度		0.01/100 mm （只允许向上向前偏）		
G10	铅垂平面内尾座套筒锥孔轴线对溜板移动的平行度		0.03/300 mm （只允许向上向前偏）		
	水平平面内尾座套筒锥孔轴线对溜板移动的平行度				
G11	床头和尾座两顶尖的等高度		0.04（只允许尾座高）		
G12	刀架横向移动对主轴轴线的垂直度		0.02/300 mm（$a>90°$）		
G18	X 轴方向回转刀架转位的重复定位精度		0.005		
	Y 轴方向回转刀架转位的重复定位精度		0.01		
P1	精车圆柱试件的圆度		0.005		
	精车圆柱试件的圆柱度		0.03/300 mm		
P2	精车端面的平面度		直径为 300 mm 时， 0.025（只允许凹）		
P3	螺距精度		任意 50 mm 测量 长度上为 0.025		
P4	精车圆柱形零件的直径尺寸精度（直径尺寸差）		±0.025		
	精车圆柱形零件的长度尺寸精度		±0.035		

① 0.04/1000 mm 指每 1000 mm 直线距离允许 0.04 mm 的误差。

表 7-2　数控铣床几何精度检测数据记录

机床型号		机床编号	环境温度	检测人		实验日期

序号	检测项目	公差/mm	检测工具	实测值/mm
G0	机床调平	0.06/1000 mm		
G1	工作台面的平面度	0.08/全长		
G2	靠近主轴端部主轴锥孔轴线的径向圆跳动	0.01		
	距主轴端部 L（$L=100$ mm）处主轴锥孔轴线的径向圆跳动	0.02		
G3	YZ 平面内主轴轴线垂直移动对工作台面的垂直度	0.05/300 mm（$a \leqslant 90°$）		
	XZ 平面内主轴轴线垂直移动对工作台面的垂直度			
G4	YZ 平面内主轴箱垂直移动对工作台面的垂直度	0.05/300 mm（$a \leqslant 90°$）		
	XZ 平面内主轴箱垂直移动对工作台面的垂直度			
G5	YZ 平面内主轴套筒移动对工作台面的垂直度	0.05/300 mm（$a \leqslant 90°$）		
	XZ 平面内主轴套筒移动对工作台面的垂直度			
G6	工作台沿 X 轴方向移动对工作台面的平行度	0.056（$a \leqslant 90°$）		
	工作台沿 Y 轴方向移动对工作台面的平行度	0.04（$a \leqslant 90°$）		
G7	工作台沿 X 轴方向移动对工作台面基准（T 形槽）的平行度	0.03/300 mm		
G8	工作台 X 轴方向移动对 Y 轴方向移动的工作垂直度	0.04/300 mm		
P1	M 面平面度	0.025		
	M 面对加工基面 E 的平行度	0.030		
	N 面和 M 面的相互垂直度	0.030/50 mm		
	P 面和 M 面的相互垂直度			
	N 面对 P 面的垂直度			
	N 面对 E 面的垂直度			
	P 面对 E 面的垂直度			
P2	通过 X、Y 坐标的圆弧插补对圆周面进行精铣，检测其圆度	0.04		

2. 试分析数控车床"刀架横向移动对主轴轴线的垂直度"误差对车削出的端面的平面度误差的影响。

3. 试分析数控铣床"工作台 X 轴方向移动对 Y 轴方向移动的工作垂直度"误差对数控铣床工作精度的影响。

任务7.3　数控机床定位精度检测与螺距补偿

任务目的　1. 认识数控机床定位精度、重复定位精度的测量。
　　　　　　2. 利用数控机床螺距误差和反向间隙的补偿。

实验设备　1. FANUC 0i Mate-D 数控系统实训台。
　　　　　　2. 步距规、百分表、杠杆千分表、磁力表座。

实验项目　1. 数控机床定位精度检测。
　　　　　　2. 数控机床螺距误差、反向间隙补偿。

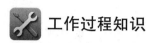 工作过程知识

7.3.1 数控机床定位精度、重复定位精度

数控机床定位精度是指零件或刀具等的实际位置与标准位置之间的差距，差距越小，说明精度越高，是零件加工精度得以保证的前提。重复定位精度是指在相同条件下，同一台数控机床上，应用同一零件程序加工一批零件所得到的连续结果的一致程度。

测量数控机床定位精度和重复定位精度的仪器有激光干涉仪、线纹尺和步距规等。但无论采用哪种测量仪器，其在全行程上的测量点数都不应少于 5 个，测量间距按下式确定：

$$P_i = iP + k$$

其中，P 为测量间距；k 在各目标位时取不同的值，以获得全测量行程上各目标位置的不均匀间隔，从而保证周期误差被充分采样。

步距规（如图 7-24 所示）因其在测量定位精度时操作简单而在批量生产中被广泛采用。步距规结构尺寸 P_1，P_2，…，P_i 按 100 mm 间距设计，加工后测量出 P_1，P_2，…，P_i 的实际尺寸作为定位精度检测时的目标位置坐标（测量基准）。下面以 ZJK7532A 铣床 X 轴定位精度的测量为例进行说明。测量时，将步距规置于工作台上，并将步距规轴与 X 轴轴线校平行，令 X 轴回零；将杠杆千分表固定在主轴箱上（不移动），表头接触在 P_0 点，表针置零；用程序控制工作台按标准循环图（如图 7-25 所示）移动，移动距离依次为 P_1，P_2，…，P_i，表头则依次接触到 P_1，P_2，…，P_i 点，表盘在各点的读数则为该位置的单向位置偏差。按标准检验循环图测量 5 次，将各点读数（单向位置偏差）记录在记录表中，按国家标准 GB/T 17421.2—2016《机床检验通则第 2 部分：数控轴线的定位精度和重复定位精度的确定》中的评定方法对数据进行处理，由此可确定该轴线的定位精度和重复定位精度。

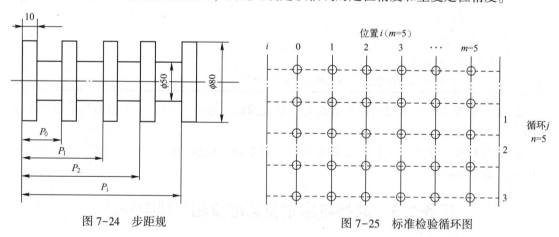

图 7-24　步距规　　　　　　　　　　　图 7-25　标准检验循环图

步距规的测量程序如下。

%0008;	;文件头
G92　X0　Y0　Z0	;建立临时坐标,应该从参考点位置开始
WHILE［TRUE］	;循环次数不限即死循环
#1＝P1	;输入步距规 P_1 点尺寸

#2 = P2	;输入步距规 P_2 点尺寸
#3 = P3	;输入步距规 P_3 点尺寸
#4 = P4	;输入步距规 P_4 点尺寸
#5 = P5	;输入步距规 P_5 点尺寸
G90 G01 X5 F1500;	;X 轴正向移动 5 mm
G01 Y15 f1500;	;Y 轴正向移动 15 mm,将表头从步距规测量面上移开
N05 X0;	;X 轴负向移动 5 mm 后返回测量位置并消除反向间隙,此时测量系统清零
G01 Y0 F300;	;Y 轴负向移动 15 mm,让表头回到步距规测量面
G04 X3;	;暂停 4 s,记录表针读数
G01 Y15 f1500;	
X-#1;	;负向移动#1,使表头移动到 P_1 点
Y0 F300;	
G04 X3;	;暂停 4 s,测量系统记录数据
G01 Y15 F1500;	
X-#2;	;负向移动#2,使表头移动到 P_2 点
Y0 F300;	
G04 X3;	
G01 Y15 F1500;	
X-#3;	;负向移动#3,使表头移动到 P_3 点
Y0 F300;	
G04 X3;	
G01 Y15 F1500;	
X-#4;	;负向移动#4,使表头移动到 P_4 点
Y0 F300;	
G04 X3;	
G01 Y15 F1500;	
X-#5;	;负向移动#5,使表头移动到 P_5 点
Y0 F300;	
G04 X3;	
G01 Y15 F1500;	
X-(#5+5);	;负向移动 5 mm(越程)
X-#5;	;越程后正向移动至 P_5 点
Y0 F300;	
G04 X3;	
G01 Y15 F1500;	
X-#4;	;正向移动至 P_4 点
Y0 F300;	
G04 X3;	
G01 Y15 F1500;	
X-#3;	;正向移动至 P_3 点

```
        Y0   F300;
        G04   X3;
        G01   Y15   F1500;
        X-#2;                      ;正向移动至 P₂点
        Y0   F300;
        G04   X3;
        G01   Y15   F1500;
        X-#1;                      ;正向移动至 P₁点
        Y0   F300;
        G04   X3;
        G01   Y15   F1500;
        X0;                        ;正向移动至 P₀点
        Y0   F300;
        G04   X3;
        ENDW;                      ;循环程序尾
        M02;                       ;程序结束
```

7.3.2　数控机床螺距误差补偿和反向间隙补偿

1. 螺距误差补偿

螺距误差补偿是通过调整数控系统的参数增减指令值的脉冲数，实现机床实际移动的距离与指令移动的距离相接近，以提高机床的定位精度。

数控机床螺距补偿的基本原理是：在机床坐标系中，在无补偿的条件下，在轴线测量行程内将测量行程分为若干段，测量出各自目标位置 P_i 的平均位置偏差 $\bar{x}_i\uparrow\left(x_i\uparrow=\dfrac{1}{n}\sum\limits_{j=1}^{n}x_{ij}\uparrow,\ x_{ij}\uparrow=P_{ij}-P_i\right)$，把平均位置偏差反向叠加到数控系统的插补指令上。指令要求沿 X 轴运动到目标位置 P_i，目标实际位置为 P_{ij}，该点的平均位置偏差 $\bar{x}_i\uparrow$。将该值输入系统，则 CNC 系统在计算时自动将目标位置 P_i 的平均位置偏差 $\bar{x}_i\uparrow$ 叠加到插补指令上，实际运动位置为 $P_{ij}=P_i+\bar{x}_i\uparrow$，使误差部分抵消，实现误差的补偿（如图 7-26 所示）。数控系统可进行螺距误差的单向和双向补偿。

2. 反向间隙补偿

数控机床反向间隙补偿又称为齿隙补偿，即机床机械传动链在改变转向时，伺服电动机反向空转，工作台实际不运动（失动）。反向间隙补偿的原理是：在无补偿的条件下，在轴线测量行程内将测量行程等分为若干段，测量出各目标位置 P_i 的平均反向差值 $\bar{B}\left(\bar{B}=\dfrac{1}{m}\sum\limits_{i=1}^{m}B_i,\ B_i=\bar{x}_i\uparrow-\bar{x}_i\downarrow\right)$，作为机床的补偿参数输入系统。CNC 系统在控制坐标反向运动时，自动先让该坐标轴反向运动 $\bar{B}$，然后按指令进行运动。工作台正向移动到 O 点，然后反向移动到 P_i 点。反向时，电动机（丝杠）先反向移动 $\bar{B}$，后移动到 P_i 点。在该过程中，CNC 系统实际指令运动值 L 为 $L=P_i+\bar{B}$（如图 7-27 所示）。反向间隙补偿在坐标轴处于任何方式时均有效。

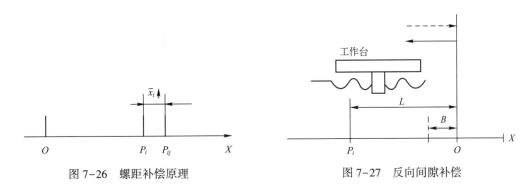

图 7-26　螺距补偿原理　　　　　图 7-27　反向间隙补偿

3. 误差补偿的适用范围

由数控机床进给传动装置的结构和数控系统的控制方法可知，误差补偿对半闭环控制系统和开环控制系统具有显著的效果，可明显提高数控机床的定位精度和重复定位精度。对于全闭环数控系统，由于其控制精度高，因此采用误差补偿的效果不显著，但也可进行误差补偿。

7.3.3　有关螺距误差补偿的系统参数

FANUC 0*i* Mate-D 数控系统常用的螺距补偿参数见表 7-3。

表 7-3　数控系统螺距补偿参数

参数号	名称	含　义
3605# 0	BDPx	是否使用双向螺距误差补偿
3620		每个轴的参考点的螺距误差补偿点号
3621		每个轴的最靠近负侧的螺距误差补偿点号
3622		每个轴的最靠近正侧的螺距误差补偿点号
3623		每个轴的螺距误差补偿倍率
3624		每个轴的螺距误差补偿点间隔
3625		旋转轴型螺距误差补偿的每转动一周的移动量
3626		双向螺距误差补偿的最靠近负侧的补偿点号（负方向移动的情形）
3627		自与参考点返回方向相反的方向移动到参考点时的参考点中的螺距误差补偿值

 工作任务报告

1. 在实训数控机床上查阅螺距补偿参数的设置，理解其含义，并填入表 7-4 中。

表 7-4　螺距补偿参数的设置

参数号	名称	设　定　值
3605# 0	BDPx	
3620		
3621		
3622		

（续）

参数号	名称	设 定 值
3623		
3624		
3625		
3626		
3627		

2. 当直线轴有下列情况时：

① 机械行程：-400~800 mm。

② 螺距误差补偿点间隔：50 mm。

③ 参考点号码：33。

则负方向最远端补偿点的号码为

参考点的补偿点号码+（机床负方向行程长度/补偿点间隔）+1

$= 33 - (400/50) + 1$

$= 26$

正方向最远端补偿点的号码为

参考点的补偿点号码+机床正方向行程长度/补偿点间隔

$= 33 + 800/50$

$= 49$

1）完成表7-5所列的参数设定。

表7-5　参数设定

参　　　数	设 定 值
No.3620：参考点的补偿点号	
No.3621：负方向最远端的补偿点号	
No.3622：正方向最远端的补偿点号	
No.3623：补偿倍率	
No.3624：补偿点的间隔	

2）根据补偿号和补偿值的关系数据（见表7-6）画出螺距误差补偿量图。

表7-6　补偿号和补偿值的关系数据

号码	26	27	28	29	30	31	32	33	34	35	36	37	38	39	40	41	42
补偿值	+2	+1	+1	-2	0	-1	0	-1	+2	+1	0	-1	-1	-2	0	+1	+2

参 考 文 献

[1] 韩鸿鸾，王吉明. 数控机床装调与维修 [M]. 北京：中国电力出版社，2015.

[2] 刘永久. 数控机床故障诊断与维修技术：FANUC 系统 [M]. 2 版. 北京：机械工业出版社，2011.

[3] 龚仲华. 数控机床故障诊断与维修 [M]. 2 版. 北京：高等教育出版社，2018.

[4] 周兰. FANUC 0i-D/0i Mate-D 数控系统连接调试与 PMC 编程 [M]. 北京：机械工业出版社，2017.

[5] 李宏胜. FANUC 数控系统维护与维修 [M]. 北京：高等教育出版社，2011.

[6] 邓三鹏. 数控机床故障诊断与维修 [M]. 2 版. 北京：机械工业出版社，2018.

[7] 王爱玲. 数控机床故障诊断与维修 [M]. 2 版. 北京：机械工业出版社，2013.

[8] 何四平. 数控机床装调与维修 [M]. 北京：机械工业出版社，2017.

[9] 曹健. 数控机床装调与维修 [M]. 北京：清华大学出版社，2016.

[10] 牛志斌. 数控机床维修从入门到精通 [M]. 北京：化学工业出版社，2019.

[11] 王永水，王超林. 数控机床故障诊断及典型案例解析（FANUC 系统）[M]. 北京：化学工业出版社，2014.

[12] 王侃夫. 数控机床故障诊断及维护 [M]. 2 版. 北京：机械工业出版社，2016.

[13] 龚仲华. 数控机床故障诊断与维修 500 例 [M]. 北京：机械工业出版社，2000.